光明社科文库
GUANGMING DAILY PRESS:
A SOCIAL SCIENCE SERIES

·经济与管理书系·

产业政策、制度合力
与企业环境绩效

赵晓坤 ｜ 著

光明日报出版社

图书在版编目（CIP）数据

产业政策、制度合力与企业环境绩效 / 赵晓坤著
. --北京：光明日报出版社，2024.1
ISBN 978-7-5194-7749-3

Ⅰ. ①产… Ⅱ. ①赵… Ⅲ. ①企业环境管理—研究—
中国 Ⅳ. ①X322.2

中国国家版本馆 CIP 数据核字（2024）第 009221 号

产业政策、制度合力与企业环境绩效
CHANYE ZHENGCE、ZHIDU HELI YU QIYE HUANJING JIXIAO

著　　者：赵晓坤

责任编辑：李月娥　　　　　　　责任校对：鲍鹏飞　乔宇佳
封面设计：中联华文　　　　　　责任印制：曹　净

出版发行：光明日报出版社

地　　址：北京市西城区永安路 106 号，100050

电　　话：010-63169890（咨询），010-63131930（邮购）

传　　真：010-63131930

网　　址：http://book.gmw.cn

E - mail：gmrbcbs@gmw.cn

法律顾问：北京市兰台律师事务所龚柳方律师

印　　刷：三河市华东印刷有限公司

装　　订：三河市华东印刷有限公司

本书如有破损、缺页、装订错误，请与本社联系调换，电话：010-63131930

开　　本：170mm×240mm

字　　数：233 千字　　　　　　印　　张：15.5

版　　次：2024 年 1 月第 1 版　　印　　次：2024 年 1 月第 1 次印刷

书　　号：ISBN 978-7-5194-7749-3

定　　价：95.00 元

前　言

《中华人民共和国国民经济和社会发展第十四个五年规划和 2035 年远景目标纲要》提出中国"要加快发展方式绿色转型，协同推进经济高质量发展和生态环境高水平保护"，实现"单位国内生产总值能源消耗和二氧化碳排放分别降低 13.5%、18%"的约束性目标。"两山理论"形象地把保护生态环境、发展生产力的关系比喻成绿水青山、金山银山的关系，积极探索环境保护和经济增长相辅相成的高质量发展已经成为全社会的共识和行动。因此，如何走出一条经济发展与环境保护双赢的新路是转型期中国面临的重大现实问题。产业政策在推进中国工业化进程、提升产业竞争力与促进经济增长方面扮演着重要角色，也是新的发展阶段完善现代产业体系、实现现代化经济体系跨越式发展的重要推动力。在既有的学术研究与政策实践中，产业政策的经济效应备受关注，而鲜有研究政策的环境效应。在绿色发展的背景下，兼顾环境效益是产业高质量发展的内在要求，产业政策能否改善环境质量及政策作用的路径机制亟待深入分析。

本书利用 1998—2007 年中国工业企业数据库和中国企业污染数据库首次从微观层面系统评估了产业政策的环境效应，并将问题聚焦于产业政策如何实施更有效。在理论层面上，本书尝试构建"有效市场"+"有为政府"分析框架研究产业政策的环境效应。首先，基于经典的"环境三效应"分析范式，提出了产业政策提高企业环境绩效的基本结论，从规模效应、创新效应和结构效应剖析产业政策的作用渠道，补充了宏观经济政策影响微观企业环境绩效的理论解释。其次，从学理上分析了政府与市场不是简单的非此即彼的关系，产业政策与竞争开放市场机制能够发挥其协同互补效应。最后，本书从中国产业政策实施制度背景出发，刻画了在产业政策制定与实施过程中，中央政府与地方政府行为转变的逻辑，从国家治理视角强调制度供给与政策供给动态关系影响了政策实效。

在实证层面上，本书以政府补贴和税收优惠作为主要研究对象，构造相对外生的政策变量，检验产业政策的政策效果及其影响机制。研究发现，产业政策有利于降低企业污染排放强度，这一结论经过工具变量法、Heckman 两阶段回归法、变换核心解释变量和被解释变量等稳健性检验后依然成立，产业政策通过规模效应机制、创新效应机制和结构效应机制改善了企业环境绩效。进一步研究发现，政府补贴和税收优惠两种产业政策工具更有利于降低民营企业、中小型企业和非出口企业的污染排放强度；产业政策缓解了企业融资约束，对融资约束强的企业减排效应更大，同时强化创新能力强的企业的环境绩效。产业政策的有效性还依赖于其所处的市场环境，市场竞争与产业政策、对外开放与产业政策具有显著的协同互补效应，随着市场竞争加强，强化了政府补贴对外资、本土企业污染排放强度的负向作用，说明市场竞争提高了政府补贴的政策效率；市场竞争同样强化了税收优惠对本土尤其是私营企业的环境绩效；对外开放有利于产业政策对本土企业和中小型企业的减排效应。中国式"政治集权+经济分权"的治理模式是理解产业政策最重要的制度背景，产业政策能降低企业污染排放强度，证实了政府扶持之手的必要作用，但是产业政策在实施过程中可能存在政策目标不一致、纵向执行阻尼、信息不对称等制约性因素。合理的政绩考核对地方政府补贴和税收优惠政策发挥了正向的激励效应，有利于产业政策降低企业污染排放强度。地方环境治理与产业政策组合拳更有效地促进了企业的减排效应，政府环境治理可以充分发挥市场排污费价格机制作用和公众对环境治理的监督效应，环保技术投入强化了产业政策的环境效应。

本书从理论上拓展了宏观产业政策与微观企业行为的互动框架，补充了政府与市场的动态互补关系，也为新的发展阶段中国产业政策绿色转型提供了理论依据。本书的实践意义在于提供了中国产业政策具有环保效应的经验证据，不仅为中国制定和完善产业政策提供了参考，而且对世界各国尤其是发展中国家如何平衡经济发展与环境保护提供了重要的经验借鉴。本书研究具有深刻的政策含义，第一，进一步明确产业政策的发展目标，完善政策工具的选择与应用。第二，针对不同所有制企业的发展现状，找准产业政策发力点，充分发挥产业政策对绿色经济的引领作用，提高产业质量。第三，集成市场优势和政府优势，完善政策制定与执行的制度建设，提高政策效率。

目 录
CONTENTS

1 绪论

1.1 研究背景与研究意义

1.1.1 研究背景

环境污染与资源耗竭影响人类的生存和发展，是世界各国面临的共同挑战。工业化进程推动了全球经济的迅速发展，提高了居民生活水平，但与此同时大气污染严重、酸雨面积蔓延、生物多样性锐减、自然灾害频发等环境问题层出不穷。市场无法全面反映经济活动造成的环境外部性成本，从而导致市场失灵。如果任由市场自由竞争做出选择或产业自我演化发展，国家或地区将付出巨大的成本与代价，长期持续甚至会导致人与自然的关系永久失衡（黄少安，2019）。如何推动经济体制改革，使产业政策既能提高生产效率，又能促进资源节约与环境保护，成为各国普遍面临的难题（Crespi et al. 2015；Aiginger，2016）。

中国政府高度重视经济发展过程中的环境问题，"十四五"规划提出"加快发展方式绿色转型，协同推进经济高质量发展和生态环境高水平保护"的发展目标。2020年9月22日习近平总书记在第七十五届联合国大会上明确提出"中国将提高国家自主贡献度，采取更加有力的政策和措施，二氧化碳排放力争于2030年前达到峰值，努力争取2060年前实现碳中和"。"双碳"目标既是中国对世界环境保护做出的重大贡献，也是对产业变革、产业升级和产业结构调整提出的新的发展要求。2021 年 11 月 2 日《中共中央、国务院关于深入打好污染防治攻坚战的意见》明确了攻坚战的关键在于实现减污降碳协同增效，提升效率与减污减排同步，追求发展质量必须考虑生态成本。

发展经济不能对资源和生态环境竭泽而渔，生态环境保护也不是舍弃经济发展而缘木求鱼。从发展水平来看，中国仍然是世界上最大的发展中国家，发展是第一要务。党的十九大报告中指出"中国经济已由高速增长阶段转向高质量发展阶段，正处在转变发展方式、优化经济结构、转换增长动力的攻关期"，经济发展和环境保护进入一个新的发展阶段。"高质量发展"不仅意味着产业政策既要发挥推动经济发展方式转变、经济结构优化、增长动力转换的作用，还要谋求发展的绿色化和持续性，这是适应全球发展新趋势和构建发展新格局的主动选择。新的发展理念为制定和落实产业政策、实现产业政策转型，探索新的发展路径和政策工具提供了重要依据。

1.1.2　研究意义

产业政策是理解中国政府与市场关系的重要窗口，如何集成市场优势与政府优势，寻求二者恰当的平衡点、实现政策有效性始终是学术界与政府关注的焦点。在中国绿色化发展转型的背景下，探寻产业政策的发力点具有重要的理论与实践意义。

1.1.2.1　理论意义

第一，本书拓展了产业政策与企业行为的宏微观互动框架。本书通过扩展宏观产业政策与微观企业的分析框架，采用理论与实践相结合的方法，从宏观到微观，从总量到结构检验产业政策对企业环境绩效的影响及作用机制，从微观企业的异质性分析了政策效果的差异性。

第二，本书补充了产业政策中关于政府与市场关系的认识。政府与市场不是简单二分法，而是动态互动关系，地区市场化水平和对外开放程度同样影响政策的实施效果，中央与地方政府独特的政治关系影响了产业扶持的方向和力度。本书从市场机制与制度供给视角进一步深入探讨影响产业政策的环境效应，深化了对政府与市场关系的理解。

第三，本书提供了中国产业政策绿色化转型的理论依据。在绿色发展理念下，本书的研究对于产业政策是否具有环境有效性做出了一定回答。本书以单位产出的污染排放量作为衡量企业环境绩效的指标，这一指标兼顾了企业产出与生态环境两方面，有助于识别影响中国绿色经济增长的政策因素。

1.1.2.2 实践意义

第一，本书通过企业污染排放强度衡量政策的环境效应，为扩大产业政策的作用空间提供了经验证据。中国"十四五"规划提出要实现"单位国内生产总值能源消耗和二氧化碳排放分别降低 13.5%、18%"的约束性目标，本书选取的环境指标与规划保持一致，为政府实施产业政策实现经济发展与环境保护双赢提供了重要参考。

第二，本书检验了产业政策环境的有效性，为实施产业政策提供了参考。本书证实了产业政策具有改善环境保护的效应，政策效应因地区差异、行业以及企业差异而迥然不同，本书研究为政府因地制宜、因势利导选择产业政策工具、精准施策提供了参考。

第三，本书研究为世界各国平衡经济发展与污染治理提供了经验借鉴，兼析产业政策的适用性。中国作为最大的发展中国家，产业政策的实践经验也为世界各国尤其是发展中国家如何更有效实施产业政策提供了重要的经验借鉴，从中国方案中挑选适合本国国情和可行的元素。

1.2 研究思路与研究内容

1.2.1 研究思路

本书以问题为导向，遵循"提出问题—分析问题—解决问题"的基本逻辑思路，从"为什么研究""如何研究"以及"研究结论是什么"阐述研究思路。

1.2.1.1 研究出发点

企业是产业转型升级、产业质量提升的载体，更是中国经济高质量绿色化发展的关键，企业的环境绩效关乎整个产业甚至国家整体能否实现经济与环境的相向而行、同时发力。随着中国污染防治攻坚战的深入，产业政策能否有效培育企业自生能力、释放企业活力，引导企业绿色环保投资方向尤为重要。而产业政策的实施效果备受争议，因此本书以"中国产业政策能否改善生态环境"作为研究出发点，分别考察产业政策是否有效，产业政策的作用机制是什么，影响产业政策效应的因素还有哪些？

1.2.1.2 研究内在逻辑

首先，本书梳理了中国产业政策实施的相关制度背景、产业政策运行的市场制度环境，在此基础上对产业政策和工业污染排放进行典型事实分析。其次，依托"环境三效应"的作用机制，本书从理论上提出了产业政策可能通过规模效应机制、创新效应机制和结构效应机制影响了企业环境绩效的基础理论假说。产业政策的有效性和市场与政府关系有关，本书构建"有效市场"+"有为政府"的整体理论框架，在产业政策环境效应影响机制基础假说上引出两条拓展性理论假说。其一，政府与市场之间是互补还是替代关系？其二，中央政府制度供给与地方政府的环境治理能否形成合力效应？再次，本书通过固定效应、工具变量、Heckman 两步法等计量方法检验产业政策工具对微观企业环境绩效的影响，以及相应的政策传导机制和路径。最后，本书通过构建产业政策变量与市场竞争程度、市场开放程度、政绩考核指标、环境治理的交互项，检验市场开放竞争机制、央地政府互动关系与产业政策的交互效应。

1.2.1.3 研究的落脚点

通过对上述问题的回答，本书研究最终的落脚点在探究更加激励相容的制度安排和科学合理的政策措施，致力于从制度因素的角度更加全面地剖析产业政策效应及其政策脉络，最后为新时代实现经济增长与生态环境共赢的格局提供政策建议。

1.2.2 研究内容

根据研究问题和研究思路，本书安排八章研究内容，具体内容如下：

绪论。从中国广泛实施产业政策的现实问题出发，阐述研究选题背景、选题意义、研究思路、研究主要内容和方法，设计了论文的整体框架，最后提出可能的创新点和为该领域研究做出的边际贡献。

核心概念与文献综述。从五个方面归纳和整理了国内外相关研究，一是关于产业政策含义、类型，如何度量产业政策和环境效应。二是从宏观与微观两个层面对产业政策效应的理论研究、实证研究进行综述。三是从产业政策与环境污染关系出发，就产业政策影响环境污染的理论研究、实证研究展开评述。四是从市场与政府关系，梳理影响产业政策实施效果的相关文献。五是文献述评。

产业政策制度背景与环境污染现状分析。内容分为三个方面，第一，从产业政策的历史沿革开始，分阶段论述改革开放以来产业政策实施的相关制度背景与经验事实，对产业政策工具进行量化分析。第二，以市场化指数、赫芬达尔指数、勒纳指数、贸易依存度和外商直接投资依存度刻画产业政策作用的市场环境；从中国式分权治理视角出发，阐述了中央与地方政府在产业政策制定与实施过程中的行为逻辑，分析了中央政府与地方政府的目标偏好差异、地方政府竞争导致的目标偏差。第三，根据中国环境统计年鉴、中国统计年鉴相关数据刻画了环境污染的时间和空间特征，主要分析了工业污染排放的总量特征、地区特征和行业特征，通过中国企业污染数据库和中国工业企业数据库匹配数据分析了工业污染排放的企业特征。

产业政策环境效应的理论分析框架。主要构建产业政策环境效应的理论分析框架，主要内容分为四个方面。首先，依据 Copeland and Taylor（1994）和 Brock and Taylor（2010）等模型构建产业政策影响企业环境绩效的理论模型。其次，从政策的规模效应、创新效应和结构效应分析产业政策的作用渠道。再次，第三方面和第四方面分别从政府与市场关系、中央政府与地方政府关系考察不同市场环境和制度环境下，产业政策如何影响企业的环境绩效，识别产业政策的有效性条件。最后，从政府与市场动态互补关系，构建全文"有效市场"＋"有为政府"的理论分析框架。

产业政策环境效应的实证分析。通过固定效应模型、工具变量法和 Heckman 两步法等验证产业政策的政策效果，对产业政策的规模效应、创新效应和结构效应进行检验。不仅如此，本章还进一步从地区、行业和企业层面考虑了可能存在的政策差异性。最后从实证角度分析不同产业政策实施方式对企业环境绩效的影响。

竞争开放市场机制与产业政策的环境效应。以市场化指数、赫芬达尔指数、勒纳指数、贸易依存度和外商直接投资依存度作为产业政策的市场环境代理变量，通过含有交互项的固定效应模型分析市场竞争、市场开放对产业政策效应的调节作用，探讨市场环境如何影响产业政策的效果以及政策效果的异质性。

央地政府互动关系与产业政策的环境效应。从中国式分权治理视角出发，考察中央政府的政绩考核对产业政策实施效果的激励效应，以及在地区层面上地方政府环境治理与产业政策的政策组合拳效应，通过含有交互项的固定效应模型分析其政策效果，进一步探讨了不同制度变量对产业政策环境效应的影响及政策效果的异质性。

研究结论与政策启示。是论文的结尾部分，首先，统领性归纳总结、概括分析全文的主要研究结论；其次，根据文章结论提出对应的政策建议；最后，反思研究中尚存不足的地方，展望未来的研究方向。

1.3 研究方法与技术路线

1.3.1 研究方法

计量分析方法：本书第5、6、7章采用计量经济学和统计学方法对产业政策进行政策评估，主要方法包括个体和时间的双向固定效应、含有交互项的固定效应模型、Heckman两步法和工具变量法等，通过工具变量法等进一步讨论并解决可能带来的内生性估计偏误。

归纳演绎方法：本书归纳演绎方法主要体现在产业政策的制度背景、文献综述和理论基础等方面，主要运用规范研究方法，并通过逻辑推理和演绎分析相对应的假设与结论。第2章主要使用归纳法和分析法对产业政策的政策效应、政府与市场关系等进行综述，总结现有文献可能存在的不足。第4章至第7章在理论推导与假设推演中，分析产业政策影响企业环境绩效的机制渠道。

比较分析方法：本书比较分析的方法主要在三个方面，第一，市场竞争和对外开放的市场环境演变纵向对比分析，产业政策工具分行业、分所有制对比分析；第二，研究中国环境污染的时空特征，比较分析各地区、各行业环境污染物的异质性，以及不同所有制企业污染排放强度；第三，比较分析不同产业政策工具的影响效应。

1.3.2 技术路线

本书的技术路线为：核心概念界定与文献综述→相关制度背景与现状

分析→理论分析与研究框架→实证设计、检验与计量结果分析→结论与政策启示，具体内容如下：

核心概念界定与文献综述：从研究对象出发，界定并量化本书的核心概念，为后续研究提供支撑。基于国内外现有研究，梳理产业政策相关领域研究脉络，明确本书的研究方向和研究空间，确定研究的方法和方案。

相关制度背景与现状分析：基于中国产业政策的现实背景，梳理中国产业的历史沿革以及主要产业政策工具的突出特点；从市场机制和央地政府关系分析产业政策实施的制度环境；从宏观到微观分析中国工业企业污染现状。

理论分析与研究框架构建：借鉴已有的理论模型和理论基础，采用模型构建与规范分析相结合的方法，构建理论分析框架，并提出相对应的研究假设。

实证设计、检验与计量结果分析：通过数据清洗、整理，按照研究假设采用计量检验等方法，对产业政策如何影响企业环境绩效展开分析与论证。

结论与政策启示：总结和提炼产业政策的环境效应以及政策有效性条件，结合中国转型期特点，为产业政策制定与实施提供政策建议。

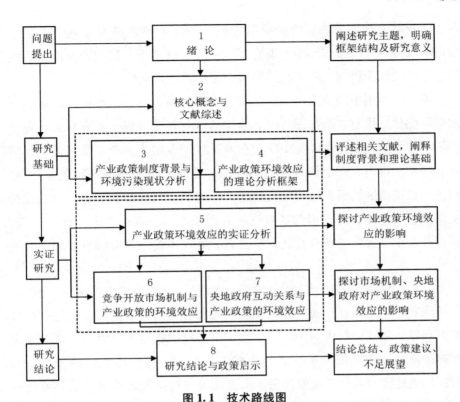

图 1.1　技术路线图

1.4　可能的创新点

已有文献在产业政策的理论与实证方面进行了深入分析与探讨，在绿色发展的背景下，兼顾环境效益是产业政策的内在要求。本书主要创新点体现在以下三个方面：

第一，基于传统"环境三效应"分析范式，首次检验了产业政策影响环境污染的作用机制，为产业政策制定与施策进行了边际补充。现有文献主要从经济增长、产业升级等宏观视角检验了产业政策的政策效果，从企业生产效率、创新效率、投融资等方面分析了产业政策对微观企业的影响。本书将产业政策与环境污染置于统一分析框架下，研究产业政策影响污染排放的作用机制，明确政策发挥作用的渠道有哪些。

第二，利用中国企业污染数据库、中国工业企业数据库以及区域经济数据匹配独特优势，系统评估产业政策的微观环境效应。现有相关产业政策与环境污染的研究主要集中在宏观地区或产业层面，产业政策如何影响企业的减排行为尚缺乏微观层面的证据。目前中国多种所有制企业共存，相较于宏观地区层面和行业层面数据，微观企业数据蕴含了更丰富的政策反馈信息，大样本估计相对更有效且有利于考察微观企业差异化的行为，更有利于充分发挥各种所有制企业优势、更好地促进多种所有制企业共同发展。

第三，构建"有效市场"+"有为政府"的理论框架，将产业政策、市场机制与央地政府互动关系置于统一框架下。本书聚焦如何实施产业政策更有效，从政府与市场关系，检验了市场竞争、对外开放与产业政策之间的协同互补效应提升了企业环境绩效。产业政策的传导依赖于地方政府，从央地政府互动关系的视角，中央政府通过绿色政绩考核等制度供给对地方政府形成强有力的激励效应，纠正地方政府在产业政策实施过程中的行为偏差；地方政府环境治理与产业政策组合拳更有利于经济绿色发展。

2　核心概念与文献综述

　　"产业政策"一词广泛应用于国家发展规划、政府工作报告、学术研究和新闻媒体报道中，不同情境下"产业政策"的内涵与外延指代不同。明确研究对象、界定研究范围既是本书的逻辑起点，也是后续研究的基石。因此本章第一小节讨论了既有研究关于"产业政策"的含义与内容，在学术界对产业政策概念普遍认可的基础上明确本书研究对象的具体内容；归纳总结学术界关于产业政策量化识别的三种主要类型，根据本书研究视角与数据可得性，从政策扶持力度刻画产业政策。已有经验研究表明，产业政策对国家宏观经济和微观企业行为都产生了重要影响，第二小节回顾与整理关于产业政策的宏观与微观效应相关研究。在新的发展理念下，高质量发展需要统筹兼顾经济效益、社会效益和环境效益。本章第三小节关注现有文献中对产业政策与环境污染的理论与实证研究，明确本书进一步研究的空间与方向。党的十八大以来，如何"充分发挥市场机制在资源配置中的决定性作用"和"更好地发挥政府的作用"成为重要议题，开放竞争市场机制与央地政府互动关系是影响产业政策有效性的两种重要力量，第四小节从政府与市场两种力量深入回顾其对产业政策效应的影响，为下一步研究提供参考。最后总结梳理已有文献的研究思路、研究方法与研究脉络，打开本书研究切入点。

2.1 核心概念及界定

2.1.1 产业政策

2.1.1.1 产业政策的内涵

产业政策的起源可以追溯到汉密尔顿扶持战略性新兴产业政策、李斯特保护幼稚产业的主张以及格申克龙关于赶超战略理论（Stiglitz，2015；Altenburg and Lütkenhorst，2015；周建军，2017）。不同时期，发达国家和发展中国家都曾运用过各种形式的产业政策，由于经济水平、文化背景和制度体制不同，各个国家或地区在制定产业政策发展目标、采取政策工具、选取政策作用对象时都有所差异，学术界对产业政策的解读也随之改变。日本学者小宫隆太郎等（1988）认为产业政策是影响产业资源配置和企业经营活动的政策集合，产业政策既包括宏观经济政策，也包括传统的微观经济政策领域（Sharp，1998）。中国学者周叔莲（1987）、周振华（1991）、刘鹤和杨伟民（1999）定义产业政策是影响产业结构、产业发展和产业经济活动的政策总和，周林等（1987）将产业政策视为政府宏观管理重要手段，在市场机制基础上重点解决的问题是如何提高产业结构高度化。中国国务院发展研究中心产业政策专题研究组（1987）建议产业政策要与发展和改革的阶段性相适应，通过协调财税金融、外贸外汇、技术和人才等政策形成产业体系，发挥资源配置与宏观经济调控作用，探索如何搞活企业和提升生产效率。Lee et al.（2012）认为产业政策涵盖了制度环境、技术进步、鼓励性政策三个层面，张维迎（2016）则强调了产业政策还具有"私人产品生产领域"与"选择性干预或歧视性对待"的突出特点。学术界普遍认可世界银行（1993）的提法，产业政策是一个国家或地区为了全局发展和长远经济利益对产业实施保护、扶持或调整等手段，从更宽泛的意义上来看，产业政策是政府为了实现经济或社会目标所制定的指向产业的政策总和（下河边淳和管家茂，1982；Warwick，2013；江小涓，2014；韩乾和洪永淼，2015；林毅夫等，2018），政策目标涵盖了提高生产效率、提升竞争力、调整经济结构、促进产业发展、增强市场竞争秩序等（OECD，1975；Johnson，1982；Beath，2002；Rodrik，2004；Pack and Saggi，2006；Hatta，2016；黄少卿和郭洪宇，2017）。本书亦采用学术界普遍接受的定义，认为产业政策是政府为促进产业在该国或该地区发展而主动采取直接或间接干预特定产业或特定企业的一系列政策总和，影响资源在产业间和产业内的流动配置。

产业政策是政府出台与产业有关的政策总和，具体包括但不局限于市场准入限制、关税保护政策、非关税壁垒、政府补贴、税收优惠、信贷资金优惠、土地价格优惠、出口加工区、国有制等（Robinson，2009；林毅夫等，2018；江飞涛等，2021）。从产业政策内容来划分，产业政策包括产业结构政策、产业组织政策、产业技术政策、产业布局政策、地区产业政策以及对外开放产业政策（刘鹤和杨伟民，1999）。从产业政策的目标导向和政策对象来划分，政策有纵向选择性产业和横向功能性产业两类（Lall，1994，2004；Warwick，2013；Altenburg and Lütkenhorst，2015）。选择性产业政策以挑选赢家为目的对微观经济主体进行干预，功能性产业政策以完善市场制度、弥补市场失灵为主导，增进了市场机能，拓展了市场范围。从产业政策发布主体、政策效力划分，美国和德国的联邦政府由国会制定产业政策，联邦政府相关部门负责实施，州政府负责制定区域产业政策；中国产业政策主要由国务院发布规划纲要、指导意见为主要形式的战略性产业政策，各部委颁布实施指南、调整制定的具体产业政策，以及地方政府发布的产业政策规划、条例、法规和政策实施方案等。新结构经济学还将中等发达国家的产业政策分为追赶型、领先型、转进型、弯道超车型、战略性产业五大类（林毅夫等，2018）。

2.1.1.2 产业政策的界定

科学量化产业政策是评估政策实际效果的重要前提。第二次世界大战后日本通过实施多轮产业政策实现产业转型与经济复兴，中国实施的产业政策主要学习于日本。1989年3月中国发布《国务院关于当前产业政策要点的决定》（国发〔1989〕29号），制定产业发展序列目录作为各地执行产业政策的主要依据。产业政策贯穿了国家"九五"到"十四五"发展规划，成为经济管理和宏观调控的重要政策工具。中国政府采取的产业政策主要工具包括目录指导、投资核准（审批）与市场准入、强制淘汰落后产能或强制关停产能、土地政策、财政补贴、政府出资的产业投资（引导）基金、税收优惠、政策性贷款、政府采购、人力资源和基础设施及公共服务平台建设等（江飞涛等，2021）。根据已有研究中国产业政策量化方式可以分为以下三种主要类型。

第一类是根据国家或各省经济和社会发展五年规划纲要（后文简称"五年规划"）、国家发改委公布产业政策文件、国家振兴发展计划、十大产业计划、国家改革试验区的主导产业等政策文件。"五年规划"制定国民经济发展远景目标，具有一定的前瞻性，同时也是制定产业政策的基础，以政府五年规划文本为基准的相关研究侧重于政策的长期影响（赵婷和陈钊，2019；2020）。学者一般遵循以"五年规划"为蓝本构建限制性产业、一般支持产业、重点产业政策等虚拟变量刻画政府对待不同产业的政策态度和扶持力度（宋凌云和王贤彬，2013；吴意云和朱希伟，2015；杨继东和罗路宝，2018；张莉等，2019；毛其淋和赵柯雨，2021；郭飞等，2022）；黎文靖和郑曼妮（2016）针对国家发改委发布的产业政策，将"大力发展""鼓励发展""积极发展""调整"等积极态度词语视为鼓励政策。还有部分学者，如钱雪松等（2018）运用2009年中国出台钢铁汽车、装备制造、电子信息等十大产业振兴规划作为准自然实验，考察产业振兴规划冲击对企业全要素生产率的影响；陈钊和熊瑞祥（2015）、张鹏杨等（2019）将国家设立出口加工区当年设定为重点发展的主导产业作为产业政策的虚拟变量；21世纪以来，政府设立产业引导基金、产业发展基金为主要形式的产业投资基金成为中国产业政策的重要工具，胡凯和刘昕瑞（2022）以产业投资基金进入与否和投资比例来刻画产业政策。

第二类是根据产业政策文本内容进行分析研究构成产业政策变量。韩乾和洪永淼（2014）以《国务院关于加快培育和发展战略性新兴产业的决定》刻画政策所支持的新能源、装备制造、新兴技术等七个产业板块。韩超等（2017）通过梳理中央层面与战略性新兴产业发展有关的政策获得416项政策文本，将产业政策分为供给型、需求型和环境型政策。韩永辉等（2017）从发展型政府视角，通过地方政府密集出台和实施与产业相关地方法规、规范文件和行政法规等累计数予以定量识别产业政策。洪俊杰和张宸妍（2020）以中国对外直接投资对企业支持的政策总和数量度量产业政策，运用文档长度修正的词频—逆文本频率指数方法分析判断政策文本传递，获得政策文本权重作为对外直接投资政策的支持力度。陈璐怡等（2021）根据改革开放以来中国在纺织工业领域正式出台有关环境保护方面104条政策文本，识别出南通、青岛、宁波、苏州、济南等14个城市以纺织行业为代表的重污染行业实施了绿色产业政策。汪海建等（2022）利用中国供给侧改革中"去产能"政策文件识别受政策影响的行业构建试验组与对照组。

第三类是以产业政策执行过程中地方政府使用政府补贴、税收优惠或减免、信贷补贴等政策工具作为产业政策的代理变量。Aghion et al.（2015）使用中国工业企业数据库从补贴优惠、税收优惠和低息贷款三个维度衡量地区—年份—行业层面产业政策扶持力度，从国家层面使用关税作为产业政策的代理变量。孙早和席建成（2015）、席建成和韩雍（2019）、郑安和沈坤荣（2018）、白极星和周京奎（2018）等学者通过"政府补贴""税收优惠""信贷补贴"和"直接研发补贴"等多种变量度量产业政策。周燕和潘瑶（2019）通过政府补贴和税收减免研究新能源汽车政策。戴小勇和成力为（2019）从微观企业、中观产业和宏观地区三个层面构建产业政策实施对象与扶持力度的指标，企业层面采用是否获得补贴构建政府补贴的虚拟变量，以补贴在企业间的离散程度作为行业层面产业政策指标，地区层面通过产业政策与行业竞争程度相关的指标。赵婷和陈钊（2020）以企业层面获得的补贴加总到地区层面作为度量短期产业政策指标。Howell and Anthony（2020）根据 Fisher 函数并结合补贴、免税和企业获得低息贷款构建衡量企业层面产业扶持的评分指数，通过该指数综合反映产业政策中支持当地企业最直接的相关信息。

政府出台的产业政策往往以政策工具的形式来实施，本书沿袭 Aghion et al.（2015）多位学者的做法，将产业政策量化为政府补贴和税收优惠政策工具，一是因为政府补贴是伴随着中国政府实施持续而广泛的产业政策的主要形式之一，补贴手段具有直接性和便利性，是产业政策的基础性工具（宋凌云和王贤彬，2017）。税收优惠是国家调节经济的重要手段之一，其具体方式大致包括投资税收优惠、出口税收优惠、小微企业税收减免、鼓励企业购买环保设备和引进环保技术投入税收优惠、企业创新研发投入加计扣除等。二是因为该政策工具数据可以充分利用中国较为完整的工业企业数据库根据行业代码加总，通过政府补贴和税收优惠衡量产业政策力度，易于量化比较分析，对产业发展具有明确指向性。

2.1.2 环境效应

环境与人类活动密切相关，环境是在自然和人类共同作用下形成的物质、能量和相互作用的综合，主要包括生态环境系统以及人与自然各种依存关系的总和。环境一方面是人类生产和生活的空间载体，另一方面提供了人类生存发展的物质、承载了各类活动产生的排放物。工业革命以前，世界各国主要用手工劳动进行生产，人口和社会生产力都处于一种相对缓慢的增长状态，经济和社会的发展对环境的需求和作用相对较小，因此环境与发展处于相对和谐的状态。随着工业化不断推进，现代生产力的快速发展对环境作用的广度和强度日益增大，环境与发展的矛盾日益突出。

产业政策的环境效应可以直观理解为是政府实施产业政策，影响了市场主体经济活动向大自然环境所产生的排放。产业政策的效应可以分为宏观、中观和微观效应，宏观效应表现为产业政策影响经济增长对环境不同程度的破坏或者改善，中观层面指具体某项产业或环保绿色产业的环境效应，企业自身的污染排放是产业政策微观效应的体现。经济合作与发展组织（2007）认为企业环境绩效是通过影响企业的行为，调整企业生产活动对生态环境产生的不利影响，从微观层面基本实现减少污染、资源再配置和生态改善等效率提升和效果累积的目标。企业环境绩效的含义概括为两方面，一方面减少企业生产活动对生态环境产生的不利影响，另一方面在环境资源约束下调控企业行为，提高企业的环境效率。既有文献研究（陈登科，2020；苏丹妮和盛斌，2021a，2021b，2021c；邵朝对，2021）从企业单位产出的污染排放量即污染排放强度衡量企业环境绩效，本书亦采用污染排放强度来刻画反映宏观产业政策如何影响企业行为，污染排放强度作为一种单要素效率指标，可以更好地刻画发展中国家在经济发展的同时如何提高企业生产的绿化程度（苏丹妮和盛斌，2021b）。

2.2　产业政策效应的相关研究

本小节主要梳理了关于产业政策效应的相关研究，一类文献研究主要从经济增长、产业结构、配置效率等宏观方面给出了相关的经验证据，另一类文献主要从微观企业出发，研究企业技术创新、生产效率和投资行为等。本节将以此为基础分析有关产业政策对宏观经济和微观企业行为的影响，探讨已有文献关于变量的选取以及实证方法，通过分析产业政策的实证结论与影响机制，为下文研究寻找理论依据和经验证据。

2.2.1　产业政策的宏观经济效应研究

2.2.1.1　产业政策的增长效应

发达国家和发展中国家都曾运用产业政策促进经济增长、提升国家竞争力（Branstetter and Sakakibara，1998；Harrison and Rodríguez - Clare，2010；林毅夫等，2018），政府主导型产业政策助推了经济发展，这一研究结论在日本、韩国和中国台湾、中国香港等亚洲国家和地区得到了验证

（Johnson，1982；Amsden，1989；Kim and Lau，1994；Wade，1990；Rodrik，2004）。"二战"后四十余年，日本 GDP 年均增长率达到 6.7%，中国台湾、中国香港、韩国和新加坡 GDP 平均增长率高达 8%左右（Kim and Lau，1994），实施赶超型产业政策充分发挥了后发优势，推动产业结构升级，创造了东亚奇迹（沃格尔，1985；南亮进，1992；Robinson，2009）。Little（1982）认为日本经济的成功源于有效实施了产业政策，Wade（1990）考察中国台湾的产业政策，证实了产业政策的增长效应存在。合理的产业政策能够有效弥补市场负外部性和信息不对称等不足，实现经济增长（Lin and Rosenblatt，2012），提升工业竞争力（Lall，2013）。

从理论模型上，Grossman and Helpman（1991）构建了两个国家单要素三部门的理论模型，国家对技术部门的补贴使该国逆比较优势进行产品生产，技术积累最终转化为逆比较优势并在停止补贴后能够继续维持比较优势，形成经济加速发展。Greenwald et al.（2006）构建了包含工业和传统两种部门模型，贸易保护政策增进长期生产率带来的福利会大于短期本国低效率工业部门生产带来的损失，因而贸易保护产业政策对长期经济发展是有利的。Harrison et al.（2009）采用李嘉图模型发现，保护新兴产业政策具有动态比较优势或正外部性使得国家整体收入提升。Aghion et al.（2015）采用两期理论模型研究发现，实施于竞争行业的产业政策促进竞争，带来行业产出和创新的增加。黄先海等（2015）基于拓展的两部门两企业伯川德模型，证实产业政策实施受限于最优空间和有效竞争阈值，偏离竞争阈值补贴会降低企业对行业竞争压力的敏感性。周亚虹等（2015）通过企业反应模型检验政府对产业政策的传统干预方式，能够促进新能源等产业健康发展，产业政策需要向培育企业创新和新型需求转变。郑安和沈坤荣（2018）构建包含研发部门、中间产品、最终产品、居民和政府部门的一般均衡模型，研究发现以研发补贴形式的直接产业政策并不能提高平衡经济增长路径上的经济增长率；税收补贴、信贷补贴等间接产业政策能够提高平衡经济增长路径上的经济增长率。Liu（2019）构建生产网络模型，研究发现市场失灵和需求链传导会导致上游产业扭曲最大，因此产业政策对上游产业最有效。

在实证检验上，宋凌云和王贤彬（2016；2017）通过中国1999—2007年制造业的样本数据证实了产业政策的增长效应是存在的，这种增长效应在不同产业之间存在显著的异质性，原因可能在于地方政府对传统产业、重点产业和支柱产业之间的信息掌握程度差异，从而使得地方政府识别与扶持产业的能力不同。赵卿和曾海舰（2017）利用产业政策文件数量度量产业政策，结论证实了中国产业政策在推动地区制造业高质量发展中发挥了积极作用，但是对制造业绿色发展效果甚微。Mao J. et al.（2021）结合中国工业和科技政策的原始数据集和企业的原始数据集证实了中国产业政策确实成功。

也有学者对产业政策能够促进产业增长提出质疑。Kruger and Tuncer（1982）研究发现土耳其的贸易保护政策并没有起到保护本国幼稚产业的作用；经济发展更多是因为实施了对外开放、出口导向的发展战略和贸易政策（Krugman，1997；Lawrence and Weinstein，1999）。产业政策频繁使用是导致产能过剩的原因，寇宗来等（2017）研究发现产业政策中对产能过剩的影响因政策扶持和所有制性质存在非对称性，鼓励类产业政策更容易导致产能过剩。越来越多学者认为产业政策能否促进经济增长还取决于多方面机制，江小涓（1993）结合中国实践认为产业政策能否促进经济发展取决于四种因素：第一，产业政策发挥需要市场基础作用；第二，政策工具本身是否有效；第三，是否存在政策阻力；第四，政策制定与执行过程是否融洽。新结构主义经济学强调运用"增长甄别与因势利导"选择和实施产业政策，通过发挥比较优势促进产业发展和经济增长。Page and Tarp（2017）指出非洲等其他欠发达国家的产业政策效果不尽如人意，主要原因在于政府治理能力以及市场经济不完善。

2.2.1.2 产业政策的结构效应

衡量产业政策的结构效应关键在于如何量化产业结构优化或产业结构升级，现有研究中，支持产业政策促进产业结构升级的学者居多。李力行和申广军（2015）通过中国工业企业数据库研究发现设立开发区产业政策能够促进制造业内部产业结构升级，如果产业政策符合地区的比较优势，那么这种正向、积极的作用更为明显。韩永辉等（2017）将产业法规作为产业政策的代理变量，研究发现中国省级地方政府的产业法规显著促进地区产业结构的合理化和高级化，政策与市场协同互补力量推动产业结构升级，市场化是政府产业政策引领产业结构优化升级的基础；政府效率和政府治理能力是产业政策贯彻执行的必要支撑。周茂等（2018）通过构造产业技术复杂度衡量地区制造业升级，证实了中国设立开发区的产业政策通过集聚效应、资本深化和出口学习三条机制推动了地区制造业升级。林毅夫等（2018）认为发展中国家处于全球价值链的中后段，根据"增长甄别与因势利导"两轨六步法甄别都具有潜在比较优势的产业，不断学习、模仿以及获得溢出效应，实施相应的产业政策降低交易费用使其成为具有竞争优势的产业。彭伟辉和宋光辉（2019）认为无论是功能性产业政策还是选择性产业政策对中国产业升级都具有显著的促进作用，政策效应因市场化水平而异。

2.2.1.3　产业政策的效率效应

关于产业政策能否提升产业效率，有学者给出了不同结果的经验证据。Krueger and Tuner（1982）使用土耳其 1963—1976 年二位代码制造业产业层面数据和银行贷款数据，根据关税、配额和投入产出表构建了产业有效保护率指标和企业、产业层面投入产出比增长率衡量产业政策效果，研究结果发现保护关税产业政策并没有提高相应行业的效率。Beason and Weinstein（1996）利用 1955—1990 年日本产业部门数据得出相同的结论，产业政策对生产效率没有起到积极提升作用。Restuccia and Rogerson（2008）认为政府补贴扭曲了资源配置效率，从而降低了行业生产率。宋凌云和王贤彬（2013）利用中国工业企业数据，通过整理中国"五年规划"中提及的重点产业政策信息，发现重点产业政策总体上有利于产业效率提升，这种提升作用对与国家规划不同的地方支柱产业效果最显著，其次是传统产业政策，产业政策存在生产率排序效应。杨露鑫（2021）通过广义倾向得分匹配方法检验了政府补贴与生产率之间存在倒 U 形的非线性关系。

2.2.2 产业政策的微观经济效应研究

2.2.2.1 产业政策对企业创新的影响

产业政策对企业创新可能存在挤入、挤出或者中性效应，有学者从正反两方面给出了理论解释与实证证据。产业政策通过政府补贴、税收减免或市场准入等政策工具缓解了企业在创新过程中面临的激励不足或者融资约束，受扶持企业传递出代表发展方向、新兴产业信号，促进了资源配置效率。范蕊等（2020）认为税收优惠通过缓解企业融资约束，促进了企业技术创新水平。孙文浩等（2021）研究发现向科研型和效率型企业减免税收的倾向性政策不仅有利于激发企业创新活力，还能让"僵尸企业"起死回生。余典范和王佳希（2022）从企业生命周期视角考察政府补贴对企业的创新影响，发现补贴能够激励成长期的企业创新投入，但对成熟期和衰退期的企业创新意愿影响甚微。而韩凤芹和陈亚平（2021）给出了相反的证据，税收优惠对企业创新意愿、谋取市场技术认可的作用并不明显。黎文靖和郑曼妮（2016）研究发现产业政策促进了企业非发明专利申请的显著增加，但创新质量没有有效提升。Boeing（2016）研究发现政府补贴存在短期挤出效应，而长期不存在明显的挤入或挤出效应。吴武清等（2020）认为政府补贴对企业创新投入的挤出与挤入效应并存，挤出效应会逆转为挤入效应。Dai and Cheng（2015）、张杰（2020）发现政府补贴与企业创新之间存在 U 形关系。毛其淋和许家云（2015）、杨晓妹等（2021）、于建忠和陈燕红（2021）证实了补贴具有门槛效应，补贴强度存在一定的适度区间。吴伟伟和张天一（2021）强调了补贴对企业创新产出的影响是非对称的，研发补贴对企业创新产出的影响是倒 U 形的，而非研发补贴对企业创新产出具有积极作用。

2.2.2.2 产业政策对企业生产效率的影响

学者们关于产业政策对企业生产效率的影响尚无一致结论。部分学者持正面积极观点，如任曙明和吕镯（2014）研究发现政府补贴具有平滑机制，能够抵消融资约束对装备制造业生产效率的负面影响。Aghion et al.（2015）认为科学设计并有效实施的产业政策对市场竞争将产生有利影响，进而提高整个行业和企业的生产率。李政等（2019）研究认为政府补贴能够有效促进企业全要素生产率，但这种作用存在边际递减规律，随着全要素生产率的提升，补贴正向作用会逐渐减弱，增加企业研发投入能缓解政府补贴作用的下降。谢获宝和黄大禹（2020）以地方政府政策文件数来测度产业政策强度水平，根据中国2007—2017年上市公司数据发现地方政府产业政策强度与企业的全要素生产率成正比，地方政府通过财政科技投入和提升企业创新能力可以有效发挥产业政策的作用。还有部分学者认为产业政策不利于企业效率的提升，如张龙鹏和汤志伟（2018）实证研究发现产业政策执行过程中存在差异化问题，政策可能扭曲市场价格机制、拉大产业内部企业之间的生产率离散度，从而导致资源错配。张莉等（2019）通过中国1998—2007年工业企业数据研究发现，重点产业政策整体上显著抑制了相应行业内微观企业全要素生产率的提升，重点产业政策将资源从非重点行业流向重点行业，导致企业过度投资、降低投资效率，最终降低了企业全要素生产率，而完善市场价格机制和改善要素市场扭曲能有效缓解产业政策的负面作用。徐保昌和谢建国（2015）给出了政府质量改善产业政策效率的经验证据，政府质量越高补贴的效果越显著，随着企业全要素生产率提升，补贴的阻碍作用逐渐降低。也有学者认为产业政策的作用有一定适用范围，如邵敏和包群（2012）基于广义倾向得分匹配方法研究了不同补贴收入对企业全要素生产率的影响，补贴效果有阈值，补贴力度小于该临界值则能够促进企业生产率的提高。

2.2.2.3 产业政策对企业投融资的影响

产业政策的实质是影响了企业决策、企业选择，产业政策作用的过程是企业进行资源再配置的动态过程，进入或者退出相应产业的发展过程。关于产业政策如何影响企业投资、融资，现有研究主要从投资水平、投资效率和投资方向三个方面展开。大多数学者认为，受到产业扶持企业的投资水平相对更高，可能会出现"潮涌现象"（侯方宇和杨瑞龙，2018），邵伟和季晓东（2020）以开发区设立作为准自然实验，开发区政策通过推动通达性水平和经济增长质量显著提高了企业投资的意愿，扩大了企业投资规模。郭飞等（2021）认为产业政策从整体上促进了企业脱需向实，降低了金融资产投资水平。花贵如等（2021）发现不同类型的产业扶持态度影响了投资者情绪，鼓励型产业政策激励了企业投资，而限制类产业政策抑制了企业投资。杨汝岱和朱诗娥（2018）认为产业政策对低效率的企业具有一定的保护作用，而市场竞争程度强的地区，实施产业政策使得高效率的企业能够继续在市场上生产。何文韬和肖兴志（2018）以光伏产业政策的波动研究光伏企业的进入、退出以及生存差异性，证实了产业政策促进了技术创新，增加了企业投资，同时降低了企业退出市场的风险。吴利华和申振佳（2013）研究了装备制造业行业中，国有企业受到政府"父爱主义"更多关照，接受政府补贴，国有控股小企业生产率较高。王克敏等（2017）研究受产业政策鼓励的公司，地方政府往往为其提供更多贷款和补助，企业投资水平越高、过度投资越严重。大部分学者研究认为产业政策会降低投资的效率，产业政策极易引发投资的"潮涌现象"以及"羊群效应"，政策扶持下企业过度投资，导致投资效率普遍降低（白让让，2016；侯方宇和杨瑞龙，2018；徐浩等，2019）。产业政策诱发企业寻租等行为也是降低企业投资效率的主要因素（江飞涛和李晓萍，2010；张杰和宣璐，2016）。

2.3 产业政策与环境污染的相关研究

世界各国政府通过给予低息融资、减少监管、税收减免、价格支持、垄断权和各种补贴来支持特定的企业或部门，关于产业政策如何影响资源配置和环境污染已经引起了国内外学者的关注，研究对象主要集中于政府补贴。Van Beers and Van Den Bergh（2001）粗略估计 20 世纪 90 年代中期，全球补贴成本至少为 9500 亿美元，占世界 GDP 的 3.6%，其中农业、渔业、运输和能源产业补贴占 81.5%，制造业补贴占 5.8%，这五种产业补贴影响了 96.7% 的世界贸易量。Brandt and Zhu（2000）报告估计 1993 年中国的补贴占 GDP 的 6.8%。经济合作与发展组织国家每年提供 4000 亿美元产业补贴，通过补贴控制污染的投资政策（拨款、软贷款、加速折旧）、清洁技术（能源）的产业政策往往能够降低污染程度（Barde and Honkatukia，2004）。

2.3.1　产业政策与环境污染的理论研究

有学者通过局部均衡或一般均衡模型检验了产业政策尤其是补贴对环境的影响，而相关研究的结论尚未形成共识。Van Beers and Van Den Bergh（2001）通过局部静态均衡模型展示了在小型开放经济体中，补贴刺激企业生产，产出远远超过社会最优水平，加大排放从而助长了负面福利。如果补贴足够大，一个国家可能会从进口一种对环境敏感的货物转向出口，产量的增加反过来又增加了排放量；补贴传达了与生产成本相左的价格信号加剧了市场失灵，因为补贴的边际成本低于私人的边际成本，而私人的边际成本又低于私人边际成本加上社会成本。非环保目标的补贴由于隐蔽性导致其对环境的影响无法预见，各种隐蔽补贴影响能源、矿产资源替代性、出口货物技术和国际运输的相对成本，并且这种影响很难被证实。Bajona and Kelly（2012）通过构建一般均衡模型提供了中国的经验证据，中国加入 WTO 后按照世贸组织的要求不仅要降低关税还要减少补贴，降低关税可能会增加产量和污染，但是补贴的减少又降低了其环境污染的影响。Bajona and Kelly（2012）认为补贴的减少主要通过三个渠道影响污染，第一，补贴减少资本集聚引起的污染，第二，资本和劳动力将从污染密集高的企业转移到污染密集低的企业，第三，减少补贴将生产集中在效率更高的企业可能增加产量和污染，前两项机制作用大于第三项机制。Kelly（2009）拓展竞争性一般均衡动态模型研究政府补贴的环境效应，排放补贴、产出补贴和利息补贴都会在稳态下增加排放量，排放补贴直接增加了排放动力，因此对环境污染的影响最大，产出补贴将生产转移到排放密集型部门导致排放量可能会上升，利息补贴扭曲了企业投入，减少了边际产品的排放量，对污染的相对危害较小。无论哪种补贴都提高了企业排污强度，从而增加了整个社会的平均排放强度和环境质量的机会成本，导致均衡状态下的排放量上升。Kelly（2009）研究还发现补贴影响环境质量的三个机制：资源再分配效应、资本积累效应和补贴影响环境质量的机会成本（即环境质量的边际机会成本和边际收益），其中补贴的资源再配置效应将生产集中在低效率的行业，补贴强化资本需求效应导致资本过度积累而增加排放，补贴会减少可利用的总资源，提高固定排放量的利率，从而提高环境质量的机会成本（放弃消费或者储蓄）；如果环境质量和消费是互补的，那么较高的利率就会导致环境质量的边际收益下降。就全球污染排放而言，理想情况下是各国的边际减排成本应该相等，但是各国在实现既定减排目标任务的自愿执行程度是无法协调的；另外虽然减排技术能够减少企业排放，但是各国之间存在的环境政策是不平衡的。

对于大多数类型的污染，现有对减排技术的补贴使企业能够以较少的排放量生产。Fisher（2012）研究应该给予上游或者下游产业哪个环节补贴从而可以实现减少污染的目标，研究结论证实政府对上游产业补贴比下游产业补贴具有更强的减排效应，主要的原因在于针对上游产业的补贴强化了减排技术的供给，从而降低了减排技术的价格，同时不会造成排放向其他国家"漏出"的现象，而如果针对下游产业进行补贴则相当于刺激了对减少排放需求，导致降低污染减排技术价格的提升，并且会造成污染在国家与国家之间的转移或漏出现象。上游补贴改善了工业环境绩效，这一结论与 Golombek and Hoel（2004）的结果相似，如果技术外溢降低了发展中国家的减排成本，工业化国家的研发投资可能会减少发展中国家的排放。Main（2013）提出了线性需求和供给模型，并通过数字模拟探讨了对污染产业征税与对非污染产业补贴之间的权衡。占华（2016）和曹兰英（2017）从博弈模型视角研究政府补贴对于环境污染的影响，占华（2016）借助国内与国外两个层次的博弈过程，证实了政府对污染密集型企业的补贴有利于企业购买清洁设备，从而减少污染排放量，实现减排目标；曹兰英（2017）通过博弈模型和案例分析，政府补贴能够正向促进企业污染防治的努力水平，企业环境效益的提升带动企业经济效益和社会效益的同步提高。徐晓亮（2018）、徐晓亮和许学芬（2020）构建包含清洁部门和非清洁部门的动态 CGE 模型，模拟国家和地方不同清洁能源补贴对环境污染的影响，研究发现地方政府补贴能够降低单位 GDP 能耗，国家与地方对产业的干预能够有效提升其环境效益。

2.3.2　产业政策与环境污染的实证研究

学者们倾向于认为政府补贴工具有助于环境改善（Porter，1995；David，2010；Horbach，2012），政府补贴具有环保效应。Leuz（2006）、吴文峰（2009）、Niessen（2010）等分别以印度尼西亚、中国和德国的企业为样本，证实了获得政府补贴的企业往往具有更好的环境绩效。卢洪友等（2019）认为财政补贴显著增强了企业的环境责任意识，促进了企业的环保投资。曹翔等（2021）对自贸试验区的环境效应进行量化评估，发现自贸试验区所在城市通过经济扩大、产业结构升级和技术进步改善了环境污染。也有学者指出，更环保的企业才能获得政府补贴，政府补贴多少与污染排放程度负相关（李溪，2017）。而 Bajona and Kelly（2012）通过 1997 年中国数据研究发现，污染对减少补贴的反应比对降低关税的反应更具有弹性，因此关税降低 5% 会使污染排放物的排放量增加 1%，而补贴减少 5% 会使污染量减少 $1.8\% \sim 11.6\%$，污染量的减少取决于污染物，补贴的减少影响到受补贴企业的生产份额、总产量、贸易条件和资本积累，每一项都会对污染产生影响。何凌云等（2020）、姜英兵和崔广慧（2019）通过研究认为不同产业政策工具对环境影响具有明显差异。姜英兵和崔广慧（2019）根据五年规划中提到的"支持""鼓励发展""重点发展""大力发展"及"环保""绿色""脱硫""高效清洁"等环保词汇识别是否受到环保产业政策支持的行业，以沪深A股重污染上市公司为微观样本检验出政府支持的环保产业通过压力效应与激励效应加大了企业环保投资。何凌云等（2020）认为企业环保投资能够有效降低污染排放，银行信贷和政府补助强化企业环保投资进而抑制工业污染排放，不同政策工具作用渠道不同，可能的原因在于政府补贴产业政策与企业绿色技术创新呈M形关系，低利率贷款与企业绿色技术创新呈倒U形关系，低利率贷款与企业绿色创新呈线性促进关系，其中政府补贴类产业政策对绿色创新的作用最显著，而低利率贷款的作用最小。余壮雄等（2020）研究侧重于中央与地方五年规划中提及的重点产业政策对碳排放是否具有倾向性差异，通过1998—2015年制造业碳排放数据构建政策扶持对地区碳排放的倾向性指标，结论证实地区产业规划对高碳排放行业的扶持能够有效降低地区的碳排放倾向，但是中央产业规划对地区碳排放强度并不显著。地方政府选择性扶持重点产业，能够提升行业的工业增加值，降低行业碳排放强度；尽管高排放企业的碳排放水平更高，但是地方政府所扶持行业的产出增加以及整个行业的碳排放下降最终导致整个地区的碳排放强度下降。

产业政策中的政府补贴对环境的影响存在企业异质性。有关实证文献发现与私营企业相比，政府对国有企业的补贴造成的环境危害更大。Pargal and Wheeler（1996）发现，控制企业年龄、规模大小和企业效率之后，印度尼西亚的国有企业比私营企业污染更严重。Dasgupta et al.（2001）发现，中国国有企业在环境规制方面比私营企业拥有更多讨价还价的能力，因此中国国有企业的排放密集度是私营企业的数倍（Wang and Jin，2002；Bajona and Kelly，2012）。Gupta and Saksena（2002）发现印度存在同样的情况，印度国有企业环境合规性的监测较少。Hettige et al.（1996）的调查研究得出了类似的结果。也有学者提出就企业性质与污染排放之间关系不一致的结论，Earnharts and Lizal（2002）发现捷克共和国私有化的公司中，排放强度和国有所有权百分比之间存在着相反的关系。Wangs and Wheeler（2005）认为国有和非国有工厂之间的排放强度没有显著差异。姜英兵和崔广慧（2019）通过中国上市环保公司数据证实，国有企业比非国有企业面临更大的环境规制成本，获得政府补贴和政策优惠能通过压力效应和激励效应影响国有企业环境治理。而卢洪友（2019）在研究中国上市公司重污染企业时得出了相反的结论，政府补贴对私营企业和外资企业的带动作用更显著。产业政策对扶持企业的环境表现不一，可能源于企业的环保治理掺杂价值创造动机和企业管理层自立动机（崔广慧和姜英兵，2020）。

国内学者还关注了产业政策与绿色全要素生产率、绿色竞争力的关系，李振洋和白雪洁（2020）利用制造业分行业的面板数据实证分析鼓励型政策、限制型产业政策对制造业绿色全要素生产率的影响，实证检验了政府采取"鼓励+限制"政策组合的协同作用。研究结果发现，鼓励型重点产业政策没有发挥对制造业绿色全要素生产率的促进作用，限制型环境规制政策与制造业绿色全要素生产率之间呈 U 形关系，即限制型环境规制程度达到一定的门槛值，环境规制水平的提高才能促进绿色全要素生产率。鼓励型与限制型产业政策在严格的环境规制水平下能够有效促进制造业绿色全要素生产率。李振洋和白雪洁（2021）研究发现地方政府的选择性产业政策抑制了制造业绿色竞争力的提升，这种负面影响存在区域和行业技术异质性，选择性产业政策并不能有效提升东部和中部的绿色竞争力，而且对高、低技术制造业绿色竞争力存在负面影响，研究结论同时指出政府治理转型程度的提高能够缓解选择性产业政策的负面作用。孟祥宁和张林（2018）研究得出中国装备制造业绿色全要素生产率增长经历了先下降后上升的 V 形演化轨迹，技术进步促进了绿色全要素生产率提高，但是规模效率的恶化抑制了绿色全要素生产率。

2.4　市场—政府关系与产业政策效应的相关研究

2.4.1　市场与政府关系对产业政策效应的影响

市场失灵是政府制定和实施产业政策的理论依据（小宫隆太郎，1988；江小涓，1996；林毅夫，2012；Andreoni and Scazzieri，2014；Stiglitz et al，2013，2015），政府技术创新与扩散、规模经济和不完全竞争等方面影响了政策发挥作用。质疑产业政策的学者认为政府存在失效（Pack and Saggi，2006；江飞涛和李晓萍，2010；Lall，2013；张维迎，2016），市场发现与选择机制优于政府，在产业政策执行过程中可能出现委托代理问题、寻租腐败等实施成本和由此带来的扭曲成本。江飞涛和李晓萍（2010）梳理中国产业政策后指出，中国产业政策具有强烈的直接干预市场与限制竞争的管制特征，导致了产能过剩、过度竞争和重复建设等问题。

针对学术界关于实施产业政策的理论争议与产业政策的有效性质疑，Stiglitz and Greenwald（2014）、Rodrik（2008）打破产业政策的研究困境，指出有意义的方向是什么样的产业政策更有效，如何实施产业政策更有效，研究重点应转向建立什么样的制度与激励机制实现有效供给，具体探索产业政策实施路径与产业政策有效性边界（黄群慧，2018；侯方宇和杨瑞龙，2019）。政府与市场的协调效应建立在尊重市场经济规律基础之上，才能增强政策实施的精准性（洪永淼，2021），其中政治因素是影响产业政策效果的重要部分（Chang，2011；Whitfield and Buur，2014）。孙铮等（2005）通过实证研究发现，政府干预较少的地区往往市场化程度、法治水平会比较高，同样在地区市场化水平较高的地区，政府干预市场的程度普遍较低（夏立军和方轶强，2005；孙早和席建成，2015）。钱雪松等（2019）、钟廷勇等（2019）均指出，产业政策对市场的干预效果受市场化程度的影响，在市场化程度较高的地区，产业政策干预市场的作用较弱，而在市场化程度低的地区，产业政策的干预程度高。政府与市场之间并非简单的二分法关系，市场的不完善为政府发挥主观能动性、提高经济效率提供了空间和可能，促进市场竞争的产业政策能够提升生产率和加成率（Aghion et al，2015；戴小勇和成力为，2019）。韩永辉等（2017）认为政府与市场协同力量促进了产业升级，市场能够依据政府产业政策所传递的信号，加速资源要素向效率更高和潜力更好的企业流动配置。戴小勇和成力为（2019）研究发现，在行业差异化程度比较低的产业中，产业政策有利于市场竞争。张莉等（2019）发现重点产业政策会抑制企业全要素生产率的提升，而加强市场竞争、消除要素扭曲有助于缓解该负面影响。钱爱民等（2015）发现在市场化进程较低的地区，政府补贴的投资效应更显著，而在市场化进程较高的地区，这种投资效应并不存在。

2.4.2 中央与地方关系对产业政策效应的影响

长期以来，关于产业政策争论的焦点在于市场与政府的角色与力量之争，上一小节文献对于政府与市场关系如何影响产业政策实施效果进行了系统的研究，为理解中国式产业政策提供了基础。随着府际关系、央地关系和地方政府竞争文献的丰富，从政府与市场关系角度理解产业政策实施效果已略显不足。分权体制下央地政府的委托—代理关系是影响政策执行效果的重要因素，中国地方政府作为政府职能的实际履行者，中央政府通过增强制度供给、强化制度执行政策，中央与地方政府之间实施产业政策目标、选择产业政策工具不一致问题引起了学者的关注，因此本节将中央和地方政府之间互动关系如何影响产业政策效果纳入分析框架。

地方政府对中央产业政策反应结论并未形成共识，吴意云和朱希伟（2015）认为产业政策执行过程遵循"中央舞剑、地方跟风"的发展模式，地方政府为积极争取中央政策的支持，将以中央产业政策为蓝本制定本地重点扶持产业策略。而宋凌云和王贤彬（2013）则认为地方政府会采取因地制宜的重点产业策略，在实践操作中地方政府会更多倾向于具有本地优势的产业，对于中央产业政策停留在形式拥护上。中国产业政策的传导依赖于地方政府，央地之间存在纵向的行政等级体系，地方政府掌握经济资源与政治资源存在较大差异（张莉等，2017），因此地方政府对中央政府宏观政策的反应不一。张莉等（2017）研究发现，重点产业政策总体上对地方政府出让工业用地的宗数和面积产生正向影响，地方政府对本地信息更加充分，因此地方政府会将更多的土地出让给地方重点扶持的产业而非中央政策扶持的行业，这种地方政府差异性在东部沿海和高等级城市更明显。阳镇等（2021）从中央与地方的分权关系发现，地方政府执行与中央政府一致的产业政策有利于企业研发创新绩效，而中央与地方产业政策的不协同则将抑制企业创新投入。

熊瑞祥和王慷楷（2017）将地方政府竞争逻辑置于新结构经济学分析框架中，指出央地政策不一致困境的原因在于，中央政府制定产业政策具有理论上的合意性，地方政府在实践过程中所面临的激励与约束条件会扭曲这种合意性，为获得中央政府的政策倾向可能会竞相扶持与本地生产性结构不一致的产业，进而难以促进产业增长。晋升激励越强的地方，越倾向于响应中央政府鼓励发展的政策而忽视地方的比较优势。孙早和席建成（2015）、席建成和韩雍（2019）、曲创和陈兴雨（2021）构建中央与地方两级政府的多任务委托代理模型，从补贴角度分析中央与地方政府如何影响了产业政策的实施效果。地方政府对产业政策的落实努力程度与中央政府的考核目标在"偏增长"和"重转型"之间的权衡密切相关，若中央政府日益加强对经济转型的重视，地方政府追求短期经济增长的努力水平将会显著下降（孙早和席建成，2015）。席建成和韩雍（2019）认为经济上分权对产业政策实施效果具有负面影响，而政治上分权又弱化了经济分权的负面效应，产业政策实施效果取决于政治集权与经济分权的协调和平衡。曲创和陈兴雨（2021）指出对于中央政府明晰程度更高的产业政策地方政府的执行力更强，因此产业政策效果越明显，同时产业政策实现效果受到地区市场化水平和行业要素密集度影响；如果产业明晰度下降，地方政府会倾向于使用财税手段直接干预资源配置。

因此，黄群慧（2018）认为处理好中央政府与地方政府关系有利于中央从整体促进产业合理布局和区域协调发展，同时充分发挥地方政府的积极性和创造性；考虑到地方竞争可能会影响产业政策的实施，中央政府应注重经济结构优化等多元发展目标，从源头上矫正地方政府干预经济的动机偏差（杨继东和罗路宝，2018）。

2.5　文献述评

综上所述，目前研究关于中国产业政策问题的相关研究文献已经非常丰富。学者们围绕市场与政府关系展开了激烈的讨论，关于产业政策效应相关研究遵循了两条主线来讨论，其一是从宏观视角关注产业政策对经济增长、产业升级以及产业生产率的影响，其二是从微观视角关注产业政策对微观企业行为的影响，主要涵盖了产业政策对企业创新、投资、效率等方面，还涉及企业出口、融资并购等。然而还缺少关于产业政策如何影响环境污染的关注，学者们从模型推演和实证检验为本书的研究过程提供了直接的启示和借鉴。但对于产业政策的环境效应仍有进一步分析和拓展空间，具体表现在：

第一，以往研究没有关注到产业政策与污染排放的直接关系。既有文献研究中，学者们考察政府补贴或税收优惠等产业政策工具时，主要关注了其影响企业进行环境治理的动机、环保投资、环保责任意识等方面，忽视了产业政策对环境污染的影响。一方面，产业政策促进了经济发展，推动了产业升级，提升了产业效率，这势必会影响企业污染排放行为，对环境污染产生重要影响。另一方面，经济发展与环境污染是学术界的经典话题，围绕展开的研究尚未深入关注经济发展背后产业政策的推动因素。如果忽视了产业政策对环境污染的影响效应，势必不利于全面认识产业政策的政策效果，也不利于平衡经济发展与环境污染的关系。

第二，以往研究欠缺产业政策对环境污染的微观影响。既有文献研究中，关注发达国家企业环境污染问题的较多，关注中国企业环境污染问题多从上市公司样本数据出发，上市公司代表了中国最具发展潜力的企业，在样本选择方面具有一定偏差。中国环境污染与制造业迅猛发展密切相关，中国是世界上唯一拥有全工业体系的国家，本书利用中国工业企业数据库和中国污染数据匹配优势，能够充分反映中国在工业化过程中，如何在经济发展过程中解决环境污染问题。微观数据所包含的政策信息有利于把握产业政策的脉络走向。

第三，以往研究尚未将市场与政府、中央与地方政府互动关系纳入统一分析框架，研究产业政策的环境效应。中央产业政策的实施依赖于地方政府，而中国市场化推进程度和对外开放程度存在显著地区差异，经济发展不均衡、不充分，地方政府所掌握的经济资源与政治资源存在较大差异，因此地方政府在执行中央产业政策方面的反应并不一致，因此构建一个包含市场竞争开放机制、央地两级政府的分析框架，有利于全面分析产业政策的实施效果。

考虑到以往文献的不足之处，本书围绕当前中国经济发展的现实问题，重点考察产业政策对环境污染的微观效应，提出了产业政策是否具有环境有效性的基础性理论假说，进而分析产业政策影响企业环境绩效的传导机制和作用效果。在此基础上，本书进一步考察普惠性的产业政策实施是否更有利于降低环境污染程度。本书基于基础理论假说拓展了两条理论假设，其一是市场与政府是互补还是替代关系。其二是中央与地方政府关系促进还是抑制了政策的效果。在新的发展理念下，预期相关研究为促进中国经济社会绿色转型以及制定产业政策提供了重要参考。

3 产业政策制度背景与环境污染现状分析

　　本章为全文研究的制度背景，政策总是在一定时期内特定的历史条件和现实条件下开展实施并适时调整，产业政策的效果与制度密切相关（Nunn和 Trefler，2010；许成钢，2018），因此政策分析与评估离不开相应的制度背景。第一节介绍中国产业政策实践过程中相关的制度背景，其中包括中国产业政策的源起发展及演变过程，不同时期产业政策出台的措施；然后根据中国工业企业数据库对本书样本期间（1998—2007 年）产业政策主要政策工具——政府补贴、税收优惠情况进行描述性统计分析，研究政府补贴、税收优惠政策扶持力度、政策覆盖范围及所有制偏向、行业要素密集度等特点。第二节阐述中国产业政策实施的经济与政治制度环境，政策执行需要制度的支撑，好的政策需要有好的制度配合才能产生好的效能。1978 年党的十一届三中全会做出历史性决策，将国家的工作重心转移到经济建设上来，实施改革开放，但中国市场整体发育程度还相对较低，尤其是要素市场扭曲现象仍广泛存在，市场竞争与市场开放呈现出显著的区域异质性，这也为研究不同制度环境下产业政策实施效果提供了检验条件。第三节分析中国环境污染的现状，聚焦于工业企业废气、废水和固体废物排放，主要数据来源是中国统计年鉴、中国环境统计年鉴、中国环境年鉴、全国环境统计公报以及中国工业企业污染数据库，本节从工业污染排放的总量、地区差异、行业差异和企业差异四个层次依次进行典型事实分析。最后一节就产业政策工具与环境现状进行总结。

3.1 中国产业政策的制度背景与经验事实

3.1.1 改革开放后中国产业政策的发展历程

3.1.1.1 产业政策起步探索阶段（1978—1991 年）

1978 年 12 月中国共产党十一届三中全会做出历史性决策，将全党的工作重心和全国人民的注意力转移到经济建设上，走改革开放的发展道路，从此拉开中国特色社会主义现代化建设的序幕。改革初期，传统高度集中的计划经济体制弊端凸显，中国面临着农业与工业、轻工业与重工业、重工业内部等国民经济比例严重失调的问题，产业关联处于断裂状态，掣肘经济增长。因此，保障农业、轻工业与重工业协调发展成为这一阶段的首要任务，中国开始逐步放开计划管制，引入市场手段实现资源配置，纠正产业结构比例失调等制约发展的问题。20 世纪 80 年代，日本等东南亚国家的发展模式引起全球关注，尤其是日本通过产业政策积极干预经济发展引领了亚洲经济繁荣（Jahnson，1982；Pack and Westphal，1986；Amsden，1989），中国积极探索并引入产业政策，产业政策的引入对当时的中国具有计划经济渐进转轨和经济赶超的双重效应（黄群慧，2017）。周林等（1987）强调实施产业政策有助于实现经济发展与体制变革的两大目标，引导资源要素在三大产业之间合理流动，通过提高产业结构高度化①，实现社会经济结构根本性变化和经济增长的有效性。

1988 年原国家计划委员会成立产业政策司，负责研究制定、组织实施国家产业政策，引导与促进产业结构合理化，制定产业政策要与发展和改

---

① 产业结构高度化是产业结构根据经济发展的历史和逻辑序列顺向演进的过程（周林等，1987），涵盖三个方面的内容，一是三次产业比重演进，二是劳动密集型向资本密集型、技术密集型演进，三是初级产品向中间产品和最终产品演进。

革的阶段性相适应（国务院发展研究中心产业政策专题研究组，1987）。"八五"规划期间，产业结构调整始终是产业政策的宏观目标，通过将产业结构与产业组织的政策目标纳入统一宏观经济管理框架下激活微观主体活力。这一阶段中国产业政策不仅关注产业比例总量的均衡，还着眼于产业结构高度、结构效益问题，注重产业结构合理化。刘鹤等（1989）指出当时中国基础产业数量短缺、质量不足，因此中国产业政策有三个基本目标——充实基础产业、支持创汇产业和加强市场的组织化。1989年《国务院关于当前产业政策要点的决定》（国发〔1989〕29号）正式颁布，产业政策提升至国家宏观调控层面。该决定明确产业政策是调整产业结构、进行宏观调控的重要依据，根据产业发展序列要求，配套实施相应的财税政策、信贷政策等产业政策。

实现经济发展与经济体制改革是中国产业政策出台的特定背景，力求通过产业政策影响调整产业的供给与需求结构，促进产业结构合理化发展，稳定产业政策对恢复国民经济生产发挥的重要作用。

3.1.1.2　产业政策逐步完善阶段（1992—2001年）

《1992年世界发展报告：发展与环境》提出可持续发展理念赢得世界各国认可。中国《国民经济和社会发展"九五"计划和2010年远景目标纲要》将可持续发展战略作为国家发展基本理念，开始变革沿袭已久的生产和生活方式。中共十四大报告正式确立要建立和完善社会主义市场经济体制改革目标，改革开放的步伐不断加快。中国不断打破改革过程中的思想障碍和制度藩篱，但中国处于并将长期处于社会主义初级阶段的根本国情，决定了产业结构合理化与现代化仍然是当时产业政策的主要目标，产业政策进入逐步完善、全面推广的发展阶段。针对经济转型发展过程中出现的农业基础薄弱、基础产业竞争力不强、企业技术水平低下等新问题，1994年3月国务院颁布了《90年代国家产业政策纲要》（国发〔1994〕33号）（后文简称《纲要》），这份政策统领了中国九十年代出台的各类具体产业政策。该纲要是中国第一部系统全面制定产业政策遵循原则的法律法规，明确规定了产业政策必须符合建立社会主义市场经济体制的要求，充分发挥了市场在国家宏观调控下对资源配置的基础性作用。20 世纪 90 年代中后期产业政策从产业结构、产业组织、产业技术和产业布局等多方面指导和引领中国经济发展，其主要内容涵盖了加强农业基础地位、大力发展基础产业和基础设施，确立了机械电子、石油化工、汽车制造和建筑业四大支柱产业。产业政策作为国家宏观调控的重要手段，中国在一个相当长的时期内建立了以产业政策为中心的经济政策体系，产业政策在各项经济政策中发挥着投资项目举足轻重的作用（杨伟民，1993）。

《纲要》首次提出了产业组织政策的目标，促进合理竞争，实现规模经济和专业化协作，形成适合产业技术经济特点和中国发展阶段的产业组织政策，并且对第一批实施固定资产投资项目的经济规模做出了规定，明确提出了产业布局政策的主要原则，东部沿海地区大力发展外向型经济，重点发展附加值高、技术含量高以及能源、原材料消耗低的产业及产品。提高政策制定的科学性和政策实施的有效性，建立产业政策监督、检查及评价制度，鼓励地方政府根据地区发展实际情况，制定产业政策的实施细则。在《纲要》的指导下，中国陆续出台了《汽车工业产业政策》《外商投资产业指导目录》（1995 年版），对外商投资项目分为鼓励、限制和禁止三大类，《当前国家重点鼓励发展的产业、产品和技术目录》确立了国家重点支持的 28 个领域，共 526 种产品、技术及基础设施和服务，产业指导目录形式沿用至今。中国从 1986 年提出恢复关贸总协定缔约国的申请，1995 年世贸组织取代关税总协定，中国为申请复关到入世谈判一直不懈努力，这个时期产业政策开始重视对外经济贸易结构，旨在通过实施产业政策提高国际竞争力。

总之，在推进改革的阶段，中国的产业政策不断完善，立足于中国出现的新情况、新问题，不断提高产业政策改革决策的科学性，完善产业政策体系，提升产业政策实施的有效性。

3.1.1.3 产业政策调整完善阶段（2002—2011 年）

国内外的发展环境都发生了巨变，中国产业政策的目标、方向和工具也在内外部环境动态变化中不断调整，如何更好地利用两个市场、两种资源，提高政策执行效率、落实效率成为国家关注的焦点。2002 年 11 月中共十六大提出："坚持以信息化带动工业化，以工业化促进信息化，走出一条科技含量高、经济效益好、资源消耗低、环境污染少、人力资源优势得到充分发挥的新型工业化路子。""十一五"规划（2006—2010）首次提出了"单位国内生产总值能耗降低 20% 左右、主要污染物排放总量减少 10%"的绿色发展要求，产业节能减排的管理模式逐渐由事后治理转向事前监督。2001 年 12 月，中国正式加入了世界贸易组织（WTO），成为世贸组织第 143 个成员国，在更大范围、更广领域和更高层次上参与国际经济技术合作与竞争，中国对外开放再提速，入世给中国经济带来巨大变化，促进了经济增长、效率提升和福利水平提高（余淼杰，2010；郭熙保和罗知，2008；陈勇兵等，2011）。2002 年国务院颁布《指导外商投资方向规定》和《外商投资产业指导目录》，修改和完善外商投资相关管理政策。

2008 年亚洲金融危机对中国经济产生了强烈冲击，此时产业政策方向重点在于调结构、保增长、扩内需，战略性新兴产业引领发展潮流，同时也是国际竞争的重要力量。2010 年国务院颁布《国务院关于加快培育和发展战略性新兴产业的决定》（国发〔2010〕32 号），重点培育技能环保、新一代信息技术、生物、高端装备制造、新能源、新材料和新能源汽车等产业。2012 年 7 月国务院发布《"十二五"国家战略性新兴产业发展规划》（国发〔2012〕28 号），明确了现阶段的发展目标，政府通过集中优势资源、促进重点地区和重点产业优先发展。在这十年过程中，中国逐步形成相对完备的产业政策体系，对外开放、支持研发、绿色环保等方面的产业政策开始凸显作用。

3.1.1.4 产业政策转型升级阶段（2012 年至今）

党的十八大报告指出中国当前经济发展中不可持续问题依然突出，尤其是环境资源约束加剧，对中国产业政策实施对象、实施空间和产业政策工具提出了更高的要求。2012 年 7 月，中国《"十二五"国家战略性新兴产业发展规划》（国发〔2012〕28 号）强调积极应对全球气候变化和国际竞争，重点发展物质资源消耗少、综合效益好的产业，加快培育节能环保、新能源、新材料等新兴产业。发展规划中凸显战略性新兴产业对产业结构升级、节能减排的带动作用。党的十八大提出要着力构建现代产业新体系，大力推行清洁生产和清洁技术，鼓励绿色生产，提高资源利用效率。2013 年 3 月《政府工作报告》再次强调经济结构和布局调整，特别是加快产业结构调整，改造提升传统产业，发展高新技术产业，壮大服务业，推动新兴产业健康发展。

2015 年 5 月《中国制造 2025》（国发〔2015〕28 号）的出台拉开了实施制造强国的序幕。《中国制造 2025》坚持"创新驱动、质量为先、绿色发展、结构优化、人才为本"的方针，可持续发展是建设制造强国的着力点。该规划明确了市场在资源配置中的决定性作用，强调尊重企业的市场主体地位，同时需要推进政府职能转变。2025 年中国将基本建成绿色制造体系，绿色发展和主要产品能源消耗达到世界先进水平。《中国制造2025》指出要"加快制造业与服务的协同发展，推动商业模式创新和业务创新，促进生产型制造向服务型制造转变"，新产业业态具有绿色、智能等特点，有助于中国制造业从劳动密集型向资本密集型和技术密集型转变，从高能耗向低能耗、从低效率向高效率转变，最终实现制造强国的目标。2017 年 10 月，党的十九大报告中首次明确提出形成现代化经济体系，建立从微观生产主体到宏观经济环境协同发展的产业体系，打破工业、农业和服务业协调发展程度低的困境，提升政府服务理念、服务能力，加强产业融合互动。中国的产业政策发展出主体多元、层级众多、内容复杂的综合性政策体系，这种政策组合具有积极动态调整的特点（黄群慧，2018）。

中国经济在经历了 40 余年高速增长后，已经进入经济增速换挡、经济结构转型、提质增效的新时期，人口、资源、环境与技术都发生了重大变化。2019 年国家发改委修订发布《产业结构调整指导目录（2019 年本）》（中华人民共和国国家发展和改革委员会令第 29 号），其中鼓励类产业重点针对满足人民美好生活需要和推动高质量发展的技术、装备、产品和行业，淘汰严重浪费资源、污染环境的落后工业、技术、装备及产品，与2013版相比增加60条鼓励类、17条淘汰类的要求。国家发改委、工业和信息化部等多部委联合发布了《绿色产业指导目录（2019年版）》（发改环资〔2019〕293号），指出了中国绿色产业发展的重点，涵盖节能环保、清洁生产、清洁能源、生态环境产业、基础设施绿色升级和绿色服务六大类。2020年4月17日中央政治局工作会议提出"六稳"（稳就业、稳金融、稳外贸、稳外资、稳投资、稳预期）的工作目标，地方政府同时出台相关产业扶持。2020年《关于加快建立绿色生产和消费法规政策体系的建议》（发改环资〔2020〕379号）的出台明确了将中国重点行业和重点企业绿色生产和法规、标准和政策进一步完善。2022年1月《"十四五"工业绿色发展规划》（工信部规〔2021〕178号）提出，到2025年，中国绿色环保产业产值达到11万亿元。2022年政府工作报告强调了宏观政策的稳定性与连续性，主要预期发展目标要实现GDP增长5.5左右，生态环境治理持续改善，统筹考核"十四五"期间能源强度目标，推动能耗双控向排放总量和排放强度双控转变。

中国经济进入新常态后，人民对美好生活的追求与绿色环保环境供给矛盾日益突出，实现经济增长与环境保护相向而行是关键。产业政策在促进经济增长、优化产业结构、提升产业竞争力方面发挥着重要作用。从国际发展趋势来看，许多国家已经将绿色产业政策提上日程，美国、日本、欧盟、印度等国家相继制定了绿色经济发展规划，绿色发展是将来产业政策发展的必然选择（Rodrik，2014）。探索生态经济，推动工业和农业清洁化、生态化发展，积极培育绿色产业是促进经济社会全面绿色转型、实现生态环境质的转变的重要环节。

3.1.2 中国产业政策的量化分析

这一小节根据中国工业企业数据库提供的企业相关财务信息对政府补贴和税收优惠进行描述性统计分析。按照中国工业企业数据库财务信息中的"补贴收入"指标统计计算，中国制造业[1]补贴总额从 1998 年的 183.2 亿元增加到 2007 年的 669.9 亿元，补贴企业占总企业的比例从 1998 年的 8.6%上升为 2007 年的 12.2%，税收优惠从 1998 年的 1393.7 亿元增加至 11 334.2 亿元，减免税收企业占比从 1998 年 41.4%上升至 2007 年的 56.6%，反映了中国产业政策的持续性和广泛性。

3.1.2.1 政府补贴

表 3.1 统计了中国 1998—2007 年期间分行业补贴金额[2]，其中非金属矿物制品业（31）、化学原料及化学制品制造业（26）及交通运输设备制造业（37）政府补贴总额较多，分别为 458.6 亿元、453.8 亿元和 342.0 亿元；家具制造业（21），文教体育用品制造业（24）和皮革、毛皮、羽毛（绒）及其制品业（19）三个行业补贴总额较少，分别为 7.5 亿元、12.1 亿元、24.5 亿元。非金属矿物制品业（31）、化学原料及化学制品制造业（26）、交通运输设备制造业（37）三大行业年均补贴均值较高，分别为 45.9 亿元、45.4 亿元、34.2 亿元；家具制造业（21），文教体育用品制造业（24）和皮革、毛皮、羽毛（绒）及其制品业（19）三个行业年均补贴均值较少，分别为 0.8 亿元、1.2 亿元、2.5 亿元。样本期间，有色金属冶炼及压延加工业（33）补贴金额从 6.3 亿元增长至 60.8 亿元，年均增幅为 28.6%，食品制造业（14）从 2.4 亿元增至 19.1 亿元，年均

---

[1] 采用 Brandt et al.（2012）的方法，将 GB/T 4754-1994 与行业代码 GB/T 4754-2002 进行对照调整，下文统同，主要涵盖了制造业行业，行业大类代码 13~42。

[2] 根据 GB/T 4754-2002 行业名称与对应行业代码：农副食品加工业（13），食品制造业（14），饮料制造业（15），烟草制品业（16），纺织业（17），纺织服装、鞋、帽制造业（18），皮革、毛皮、羽毛（绒）及其制品业（19），木材加工及木、竹、藤、棕、草制品业（20），家具制造业（21），造纸及纸制品业（22），印刷业和记录媒介的复制（23），文教体育用品制造业（24），石油加工、炼焦及核燃料加工业（25），化学原料及化学制品制造业（26），医药制造业（27），化学纤维制造业（28），橡胶制品业（29），塑料制品业（30），非金属矿物制品业（31），黑色金属冶炼及压延加工业（32），有色金属冶炼及压延加工业（33），金属制品业（34），通用设备制造业（35），专用设备制造业（36），交通运输设备制造业（37），电气机械及器材制造业（39），通信设备、计算机及其他电子设备制造业（40），仪器仪表及文化、办公用机械制造业（41），工艺品及其他制造业（42）。

增幅为 25.9%，非金属矿物制品业（31）补贴金额 12.3 亿元增长至 88.1 亿元，增幅为 24.4%，这是政府补贴上涨幅度前三的行业。橡胶制品业（29）补贴从 1998 年的 3.9 亿元增长至 2006 年的 4.6 亿元，2007 年下降至 2.7 亿元，烟草制品业（16）补贴从 1998 年的 7.8 亿元上涨至 2006 年的 9.7 亿元，2007 年下降至 7.1 亿元，仪器仪表及文化、办公用机械制造业（41）从 1998 年的 5.8 亿元上涨至 2007 年的 9.4 亿元，相对于其他行业，这三个行业补贴上涨幅度较小。1998—2007 年间中国制造业产业补贴均值为 395.3 亿元，年均涨幅为 15.5%。

表 3.1　1998—2007 年分行业政府补贴（单位：亿元）

行业代码	1998年	1999年	2000年	2001年	2002年	2003年	2004年	2005年	2006年	2007年	合计
13	10.1	9.4	10.8	9.1	11.4	13.9	21.2	22.4	30.5	33.3	172.4
14	2.4	2.3	2.7	2.9	3.7	4.0	5.7	9.3	15.5	19.1	67.6
15	3.6	5.8	3.9	3.9	4.1	4.5	5.6	7.3	9.7	20.3	68.7
16	7.8	8.1	6.9	3.3	10.3	19.4	12.8	9.0	9.7	7.1	94.5
17	8.8	8.3	8.4	19.5	10.8	12.4	15.4	14.9	17.3	20.1	136.0
18	1.6	2.2	3.4	4.3	4.8	4.6	4.6	4.3	4.9	5.5	40.2
19	1.3	1.1	1.5	1.8	2.1	3.1	3.2	2.8	3.7	3.8	24.5
20	2.7	3.3	3.8	4.8	5.5	6.9	9.9	10.9	12.8	17.2	77.5
21	0.3	0.3	0.3	0.3	0.4	0.6	1.1	1.4	1.2	1.6	7.5
22	3.3	5.0	5.6	4.7	5.2	7.2	8.8	10.5	12.7	10.6	73.5
23	1.5	1.7	1.6	2.2	2.3	2.5	3.5	4.2	4.6	4.5	28.6
24	0.4	0.7	1.4	0.9	1.8	0.9	1.3	1.1	1.6	2.1	12.1
25	4.6	7.9	17.4	14.2	16.7	11.9	8.2	121.0	66.6	14.1	282.5

行业代码	1998年	1999年	2000年	2001年	2002年	2003年	2004年	2005年	2006年	2007年	合计
26	25.4	24.6	32.0	30.0	32.1	36.9	43.3	72.2	78.1	79.1	453.8
27	3.7	4.2	4.6	5.7	6.9	7.3	8.7	10.7	13.9	12.9	78.4
28	3.2	2.3	2.1	2.1	2.9	3.7	4.3	5.9	4.4	5.6	36.5
29	3.9	3.2	2.3	2.7	2.2	2.7	2.1	4.6	4.6	2.7	30.9
30	2.6	3.3	3.4	3.6	4.9	4.9	7.0	7.2	8.5	9.0	54.6
31	12.3	14.4	17.9	23.9	33.2	45.5	69.6	69.0	84.6	88.1	458.6
32	6.7	10.3	15.5	11.7	12.0	14.4	20.4	29.8	31.0	26.7	178.4
33	6.3	8.5	7.1	24.7	16.4	18.8	29.9	38.7	67.4	60.8	278.5
34	3.1	3.6	4.7	4.4	5.9	5.9	9.0	9.3	10.3	10.5	66.5
35	8.6	7.1	8.4	11.2	10.6	12.8	18.1	19.4	24.2	32.3	152.6
36	6.8	6.5	7.2	8.9	7.0	23.2	16.4	20.3	20.3	23.0	139.6
37	19.1	16.2	21.0	24.0	29.0	32.3	43.4	50.9	52.7	53.3	342.0
39	15.9	12.7	20.1	10.3	10.7	16.3	20.1	24.7	31.8	39.2	201.8
40	9.1	10.7	12.5	13.5	16.5	21.4	41.0	42.3	48.0	52.7	267.6
41	5.8	7.0	8.4	9.0	15.5	3.7	5.8	6.7	8.4	9.4	79.7
42	2.3	2.0	2.0	2.3	2.7	17.5	5.4	3.7	4.8	5.3	48.0
合计	183.2	192.3	236.7	259.6	288.0	358.9	445.9	634.4	684.0	669.9	

数据来源：根据中国工业企业数据库整理计算所得。

根据补贴企业数占总企业数的比重计算政府补贴密度，即企业补贴在该行业的覆盖面反映政府补贴在该行业的范围大小。表 3.2 统计了分行业政府补贴密度，电气机械及器材制造业（39）、烟草制品业（16）、化学纤维制造业（28）三个行业产业扶持密度较高，分别有 39.8%、22.4% 和 15.7% 的企业享受政府补助。家具制造业（21），皮革、毛皮、羽毛（绒）及其制品业（19）和纺织服装、鞋、帽制造业（18）企业受到政府补贴扶持比例较小，政府补贴覆盖了不到 10% 的企业。烟草行业（16）密度从 1998 年的 21.7% 上升到 2007 年的 31.9%，年均上涨幅度超过 10%，其次是仪器仪表及文化、办公用机械制造业（41）密度从 1998 年的 9.3% 上升到 18.4%，年均上涨幅度为 9.1%，木材加工及木、竹、藤、棕、草制品业（20）和工艺品及其他制造业（42）政府补贴密度轻微下降。从 1998—2007 年中国平均 11.9% 的企业享受到了政府补贴的产业扶持。

表 3.2 1998—2007 年分行业政府补贴密度

行业代码	1998年	1999年	2000年	2001年	2002年	2003年	2004年	2005年	2006年	2007年	平均
13	0.108	0.114	0.102	0.102	0.104	0.108	0.133	0.118	0.121	0.123	0.113
14	0.071	0.073	0.072	0.081	0.087	0.110	0.139	0.132	0.134	0.136	0.103
15	0.082	0.082	0.083	0.084	0.085	0.093	0.110	0.126	0.127	0.133	0.100
16	0.217	0.211	0.189	0.108	0.198	0.217	0.243	0.257	0.282	0.319	0.224
17	0.095	0.094	0.106	0.106	0.114	0.128	0.149	0.129	0.111	0.106	0.114
18	0.062	0.074	0.078	0.095	0.119	0.125	0.139	0.103	0.096	0.088	0.098
19	0.058	0.064	0.078	0.085	0.095	0.116	0.128	0.103	0.094	0.088	0.091
20	0.097	0.111	0.116	0.116	0.133	0.144	0.156	0.118	0.108	0.095	0.120
21	0.061	0.059	0.070	0.065	0.070	0.093	0.121	0.107	0.103	0.092	0.084
22	0.084	0.090	0.095	0.099	0.103	0.100	0.119	0.116	0.114	0.114	0.103
23	0.097	0.097	0.092	0.098	0.096	0.098	0.111	0.100	0.105	0.102	0.100

行业代码	1998年	1999年	2000年	2001年	2002年	2003年	2004年	2005年	2006年	2007年	平均
24	0.068	0.088	0.081	0.120	0.131	0.144	0.167	0.125	0.127	0.127	0.118
25	0.096	0.097	0.101	0.102	0.095	0.103	0.102	0.119	0.124	0.103	0.104
26	0.127	0.133	0.142	0.137	0.151	0.153	0.159	0.144	0.142	0.134	0.142
27	0.096	0.117	0.128	0.132	0.146	0.167	0.195	0.182	0.193	0.181	0.154
28	0.121	0.129	0.151	0.153	0.174	0.164	0.167	0.184	0.168	0.157	0.157
29	0.100	0.105	0.117	0.116	0.121	0.125	0.128	0.116	0.111	0.103	0.114
30	0.072	0.085	0.089	0.088	0.109	0.111	0.127	0.114	0.112	0.101	0.101
31	0.095	0.103	0.109	0.114	0.129	0.144	0.173	0.161	0.155	0.140	0.132
32	0.093	0.094	0.094	0.082	0.101	0.107	0.100	0.110	0.113	0.109	0.100
33	0.112	0.134	0.130	0.139	0.154	0.170	0.180	0.168	0.170	0.165	0.152
34	0.080	0.088	0.093	0.094	0.111	0.118	0.127	0.113	0.107	0.098	0.103
35	0.106	0.107	0.115	0.114	0.131	0.138	0.139	0.131	0.120	0.117	0.122
36	0.106	0.115	0.124	0.121	0.127	0.145	0.146	0.134	0.138	0.137	0.129
37	0.107	0.120	0.127	0.128	0.139	0.150	0.155	0.156	0.157	0.150	0.139
39	0.684	0.627	0.630	0.625	0.649	0.156	0.159	0.152	0.153	0.143	0.398
40	0.107	0.115	0.122	0.127	0.147	0.175	0.179	0.172	0.167	0.163	0.147
41	0.093	0.107	0.118	0.133	0.161	0.175	0.192	0.178	0.187	0.184	0.153
42	0.128	0.126	0.138	0.134	0.147	0.119	0.140	0.129	0.127	0.107	0.130
平均	0.096	0.102	0.107	0.108	0.120	0.130	0.143	0.132	0.128	0.122	

数据来源：根据中国工业企业数据库整理计算整理所得。

3.1.2.2 税收优惠

表3.3统计了中国1998—2007年期间分行业税收优惠金额，其中通信设备、计算机及其他电子设备制造业（40）、交通运输设备制造业（37）和化学原料及化学制品制造业（26）享受政府税收优惠较多，分别为4527.3亿元、2555.4亿元和2391.4亿元；烟草制品业（16）、印刷业和记录媒介的复制（23）、家具制造业（21）三个行业税收减免较少，分别为216.0亿元、255.0亿元、294.0亿元。通信设备、计算机及其他电子设备制造业（40）、交通运输设备制造业（37）和化学原料及化学制品制造业（26）享受政府税收优惠行业年均均值较高，分别452.7亿、255.5亿元、239.1亿元；烟草制品业（16）、印刷业和记录媒介的复制（23）、家具制造业（21）三个行业年均补贴均值较少，不超过30亿元。样本期间，电气机械及器材制造业（39）税收减免从1998年的3.5亿元增长至2007年693.0亿元，年均增幅为93.6%，有色金属冶炼及压延加工业（33）从1998年的19.1亿元增至2007年的407.0亿元，年均增幅为46.6%，通信设备、计算机及其他电子设备制造业（40）从1998年的67.5亿元增长至1260.0亿元，年均增幅为44.2%，是政府减免税收幅度前三的行业。烟草制品业（16）税收减免从1998年的23.9亿元至2006年的22.2亿元，2007年下降至18.4亿元，行业减免税收基本保持不变；文教体育用品制造业（24）相对于其他行业，减免幅度较小。1998—2007年间中国制造业产业税收减免均值为4186.6亿元，年均减免幅度为30%。

表3.3 1998—2007年分行业税收优惠（单位：亿元）

行业代码	1998年	1999年	2000年	2001年	2002年	2003年	2004年	2005年	2006年	2007年	合计
13	85.4	95.3	101.0	115.0	144.0	199.0	284.0	184.0	488.0	675.0	2370.7
14	23.7	24.8	29.2	32.3	43.4	54.2	78.9	53.9	139.0	183.0	662.4
15	25.7	24.8	26.2	31.0	33.3	38.5	53.2	40.8	99.0	154.0	526.8

行业代码	1998年	1999年	2000年	2001年	2002年	2003年	2004年	2005年	2006年	2007年	合计
16	23.9	22.8	28.2	24.7	24.2	23.3	21.5	6.9	22.2	18.4	216.0
17	80.4	84.1	100.0	111.0	141.0	178.0	256.0	170.0	390.0	495.0	2005.4
18	55.1	56.9	63.9	70.6	79.7	96.0	130.0	84.6	200.0	243.0	1079.9
19	34.4	35.0	38.4	43.0	55.8	68.0	88.6	66.9	128.0	170.0	728.2
20	10.7	12.1	15.1	18.8	21.5	28.0	40.6	22.8	74.9	113.0	357.5
21	8.5	9.4	10.6	12.9	16.1	22.6	41.8	28.6	62.7	80.7	294.0
22	20.8	24.1	28.8	29.6	36.8	45.1	69.1	49.4	121.0	159.0	583.7
23	12.0	13.1	13.4	14.9	18.3	23.4	30.0	23.0	45.4	61.5	255.0
24	17.8	16.8	18.6	20.6	25.2	32.9	42.4	32.3	52.3	66.3	325.2
25	8.2	10.7	35.7	27.5	30.0	51.4	80.1	44.3	123.0	164.0	574.9
26	77.0	76.9	92.5	103.0	128.0	188.0	315.0	194.0	502.0	715.0	2391.4
27	23.6	28.7	34.0	35.5	45.4	63.4	78.6	61.9	142.0	196.0	709.1
28	9.4	14.9	17.9	14.6	16.9	21.2	31.4	20.0	63.1	87.9	297.3
29	13.0	15.3	15.8	19.0	26.4	36.7	52.7	30.6	78.2	97.0	384.7
30	36.0	39.6	45.5	55.8	64.1	77.7	117.0	81.1	192.0	250.0	958.9
31	60.1	61.3	75.2	82.3	91.6	122.0	179.0	110.0	307.0	419.0	1507.5
32	33.7	36.5	38.5	45.8	53.8	108.0	298.0	179.0	453.0	568.0	1814.3
33	19.1	23.8	32.4	38.4	48.0	71.2	116.0	72.1	271.0	407.0	1099.0
34	49.1	50.8	58.3	66.5	84.2	102.0	153.0	117.0	245.0	339.0	1265.0
35	44.5	47.3	54.3	67.9	82.9	133.0	230.0	156.0	365.0	517.0	1698.0

行业代码	1998年	1999年	2000年	2001年	2002年	2003年	2004年	2005年	2006年	2007年	合计
36	35.7	39.7	45.0	49.9	65.3	94.5	147.0	90.3	243.0	354.0	1164.5
37	69.5	77.1	88.8	112.0	166.0	260.0	368.0	191.0	462.0	761.0	2555.4
39	3.5	3.2	4.4	4.8	6.8	203.0	316.0	225.0	497.0	693.0	1956.8
40	67.5	81.8	101.0	115.0	149.0	501.0	687.0	485.0	1080.0	1260.0	4527.3
41	144.0	168.0	245.0	260.0	364.0	56.3	74.0	55.6	121.0	154.0	1641.9
42	18.1	18.4	21.5	24.9	30.9	39.9	53.8	37.2	77.1	100.0	422.0
合计	1393.7	1488.6	2014.2	2163.1	2619.7	3508.9	5295.1	3500.3	8548.4	11334.2	

数据来源：根据中国工业企业数据库整理计算整理所得。

根据税收优惠企业数占总企业数的比重计算政府税收优惠政策密度，即企业享受减免税收在该行业的覆盖面来反映税收优惠的普惠程度。表3.4统计了政府减免税收分行业密度，木材加工及木、竹、藤、棕、草制品业（20）、家具制造业（21）、仪器仪表及文化、办公用机械制造业（41）三个行业产业扶持密度较高，平均有52.5%、51.1%和50.5%的企业享受政府补助。烟草制品业（16）、电气机械及器材制造业（39）、印刷业和记录媒介的复制（23）三个受到政府减免税收比例较小，政府政策扶持覆盖了不到40%企业。电气机械及器材制造业（39）从1998年的24.3%上升到2007年的49.2%，年均上涨幅度超过9%，农副食品加工业（13）税收优惠密度从1998年的38.8%上升到2007年的64%，年均上涨幅度为6.4%，饮料制造业（15）从1998年的37.1%上升到2007年的59.9%，烟草制品业（16）从1998年的32.6%下降到2007年的29%，轻微下降。1998—2007年，中国平均44.5%的企业享受到政府税收减免的产业扶持。

表 3.4 1998—2007 年分行业政府补贴密度（单位:%）

行业代码	1998年	1999年	2000年	2001年	2002年	2003年	2004年	2005年	2006年	2007年	平均
13	0.388	0.409	0.461	0.477	0.511	0.541	0.545	0.269	0.604	0.640	0.484
14	0.364	0.391	0.439	0.446	0.476	0.498	0.470	0.291	0.547	0.587	0.451
15	0.371	0.373	0.409	0.415	0.439	0.448	0.467	0.246	0.538	0.599	0.431
16	0.326	0.372	0.375	0.299	0.371	0.369	0.330	0.145	0.337	0.290	0.321
17	0.386	0.436	0.482	0.448	0.467	0.469	0.427	0.284	0.504	0.516	0.442
18	0.504	0.536	0.563	0.531	0.526	0.527	0.477	0.285	0.533	0.538	0.502
19	0.507	0.493	0.544	0.523	0.521	0.532	0.482	0.297	0.515	0.543	0.496
20	0.486	0.494	0.549	0.566	0.563	0.579	0.533	0.261	0.592	0.625	0.525
21	0.530	0.554	0.564	0.541	0.528	0.539	0.492	0.303	0.518	0.540	0.511
22	0.439	0.441	0.479	0.471	0.482	0.479	0.429	0.273	0.506	0.544	0.454
23	0.386	0.407	0.406	0.398	0.404	0.413	0.367	0.245	0.425	0.459	0.391
24	0.502	0.512	0.534	0.501	0.521	0.512	0.472	0.321	0.513	0.512	0.490
25	0.385	0.409	0.395	0.407	0.382	0.452	0.386	0.162	0.434	0.500	0.391
26	0.401	0.416	0.430	0.443	0.450	0.470	0.446	0.263	0.521	0.559	0.440
27	0.432	0.440	0.477	0.458	0.477	0.485	0.460	0.268	0.507	0.564	0.457
28	0.361	0.382	0.434	0.431	0.445	0.501	0.373	0.224	0.489	0.508	0.415
29	0.454	0.436	0.467	0.452	0.472	0.498	0.463	0.284	0.521	0.549	0.460
30	0.464	0.473	0.481	0.485	0.491	0.487	0.447	0.288	0.498	0.515	0.463
31	0.391	0.418	0.443	0.446	0.462	0.485	0.438	0.225	0.511	0.563	0.438

行业代码	1998年	1999年	2000年	2001年	2002年	2003年	2004年	2005年	2006年	2007年	平均
32	0.371	0.393	0.429	0.429	0.422	0.489	0.403	0.208	0.440	0.534	0.412
33	0.391	0.423	0.447	0.418	0.434	0.442	0.427	0.232	0.490	0.516	0.422
34	0.439	0.450	0.476	0.469	0.467	0.479	0.428	0.282	0.470	0.489	0.445
35	0.389	0.406	0.430	0.421	0.429	0.443	0.413	0.258	0.466	0.503	0.416
36	0.362	0.374	0.398	0.397	0.416	0.451	0.428	0.257	0.490	0.528	0.410
37	0.385	0.393	0.414	0.420	0.426	0.445	0.411	0.252	0.468	0.510	0.412
39	0.243	0.231	0.370	0.342	0.474	0.455	0.419	0.274	0.466	0.492	0.376
40	0.425	0.440	0.464	0.448	0.450	0.562	0.533	0.324	0.576	0.586	0.481
41	0.496	0.520	0.560	0.536	0.541	0.502	0.486	0.340	0.527	0.539	0.505
42	0.423	0.436	0.458	0.466	0.479	0.519	0.506	0.308	0.535	0.536	0.467
平均	0.414	0.430	0.461	0.451	0.466	0.485	0.447	0.265	0.501	0.530	

数据来源：根据中国工业企业数据库整理计算整理所得。

3.1.2.3 产业政策的所有制偏向

根据 1998—2007 年工业企业数据库，按照政府补贴和税收优惠指标细化到企业层面，根据产业政策变量的年份和所有制进行描述性统计。1998—2007 年国有企业获得政府补贴比例从 13.1% 上升到 19.8%，民营企业获得政府补贴比例从 7.3% 上升到 11.4%，外资企业获得补贴比例从 4.1% 上升到 13.%。1998 年—2007 年间，税收优惠覆盖国有企业的范围从 51.2% 上升至 59.3%，民营企业税收优惠覆盖范围保持相对平稳大致在 52% 左右浮动，从 2001 年年底中国加入世贸组织后，外资企业获得税收优惠比例大幅增加，到 2007 年超过 76% 的外资企业享受税收优惠。从图 3.1 可以看出，国有企业获得政府补贴收入的比例明显高于民营企业与外资企业，而税收优惠则更多地倾向于外资企业。张任之（2019）通过"九五"至"十一五"规划提及的重点产业在实施过程中政府补贴、税收优惠和低息贷款存在一定程度所有制偏向。研究发现，国有企业在获取产业政策扶持方面具有天然的优势，政府更倾向于通过国有企业投资实现国家发展战略、保障就业等政策目标。改革开放尤其是加入世贸组织以来，中国制定了一系列税收优惠政策吸引外商直接投资，李宗卉和鲁明泓（2004）研究证实了税收优惠政策是吸引外商流入的主要因素。

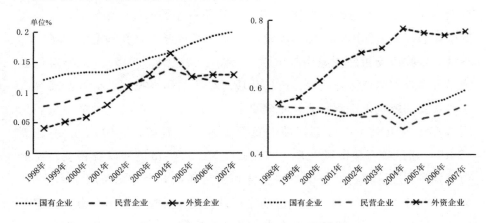

图 3.1　政府补贴和税收优惠的所有制偏向

数据来源：根据中国工业企业数据库整理计算所得。

3.2　中国实施产业政策的制度环境

3.2.1　中国市场环境的典型事实

　　产业政策是中国推动产业升级、实现经济绿色发展的重要政策工具，产业政策的有效性根植于公平竞争、统一开放的市场环境，只有充分利用国内和国际两个市场，实现资本与劳动等资源要素优化配置，才能推动产业结构绿色转型升级。在中国转型发展时期，构建统一开放、竞争有序的现代市场体系，是产业政策能够有效实施的必不可少的市场环境。

1992 年中国共产党第十四次代表大会确立了建立社会主义市场经济体制作为中国的改革目标，发挥市场机制在资源配置中的基础性作用，十四届三中全会审议并通过《中共中央关于建立社会主义市场经济体制若干问题的决定》，加强培育和发展市场体系，建设"统一、开放、竞争、有序的大市场"，对社会主义市场经济体制的建立产生了重大而深远的影响（吴敬琏，2018）。20 世纪初，中国初步建成社会主义市场经济体制的基本框架，改革开放 40 余年构建统一开放、竞争有序的现代市场体系始终是改革的核心任务。但中国市场经济发育程度相对较低，尤其是要素市场发育迟缓，各类市场扭曲现象尚未根除（孙早、席建成，2015）。市场发育程度呈现出强烈的地区异质性，市场环境对企业的研发投资、技术创新等产生了重要的影响，进而影响企业全要素生产率提升，市场优胜劣汰机制是缓解产业政策对生产效率扭曲的重要途径（张莉等，2019）。王小鲁等（2019）通过政府和市场关系、非国有经济、产品市场的发育程度、要素市场发育程度、市场中介组织的发育和法治环境五个方面反映中国总体、分区域和各省（市、自治区）市场化相对进程，反映了中国在市场化进程中的不同区域特征和竞争程度。本小节按照东部、中部、西部和东北四大区域①市场化总指数绘制图 3.2。

从图 3.2 中可以看出中国市场化总指数从 2008 年 5.45 上升至 2016 年6.72，其中东部地区从 6.87 上升至 8.67，中部地区指数从 5.38 上升至6.91，西部地区市场化指数从 4.25 上升至 5.05，东北地区市场化指数从5.63 上升至 6.53。总体来说，中国市场化进程在不断提高，但是东部地区始终高于中、西部和东北地区，中部地区 2016 年市场化指数才达到 2008

---

① 东部地区包括北京市、天津市、河北省、上海市、江苏省、浙江省、福建省、山东省、广东省和海南省 10 个省市，中部地区包括山西省、安徽省、江西省、河南省、湖北省和湖南省 6 个省份，西部地区包括内蒙古自治区、广西壮族自治区、重庆市、四川省、贵州省、云南省、西藏自治区、陕西省、甘肃省、青海省、宁夏回族自治区和新疆维吾尔自治区 12 个省份、自治区和直辖市，东北地区包括辽宁省、吉林省和黑龙江 3 个省份。

年东部地区市场化水平，而西部地区 2016 年市场化水平不仅仍远低于东部
地区，而且尚未达到中部地区 2008 年市场化水平，尽管东北地区市场化水
平处于上升趋势，2010—2013 年期间东北地区市场进程高于中部，但 2013
年之后东北地区市场化进程明显慢于中部地区，而中国西部地区市场始终
处于较低水平。

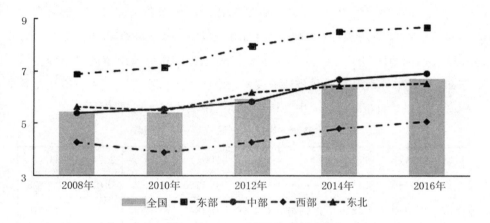

图 3.2　2008—2016 年中国分区域市场化总指数

数据来源：王小鲁，樊纲，胡李鹏.中国分省份市场化指数报告（2018）［M］.北
京：社会科学文献出版社，2019.

3.2.1.1　市场竞争的区域异质性

赫芬达尔—赫希曼指数（Herfindahl-Hirschman Index，即 HHI）通过
计算市场份额变化程度表示企业市场集中度和行业集中度，可以作为市场
竞争程度的反向指标，即 HHI 指数越大代表企业垄断程度越高，市场集中
度越高，市场竞争程度越低。市场化进程推动市场竞争趋于充分竞争，因
此也通过 HHI 指数间接反映出不同区域市场竞争程度和市场化进程。本节
根据中国工业企业数据库提供工业企业销售产值数据，按照四位数行业、
省份和年份计算赫芬达尔指数反映市场竞争。

表 3.5 根据中国东部、中部、东北和西部四大区域的 HHI 指数进行描
述性统计，全国平均 HHI 指数从 1998 年的 0.1710 降低到 2013 年的 0.0848，

市场集中度呈现出逐年下降趋势，年平均下降率为 0.5%；无论是东部、中部、东北还是西部地区 HHI 指数，同样呈现出逐年下降趋势，东部地区 HHI 指数从 0.1280 下降至 0.0653，下降幅度为 49%，中部地区 HHI 指数从 0.1800 下降至 0.0905，下降幅度为 49.7%，东北地区 HHI 指数从 0.2480 下降至 0.1080，下降幅度为 56.5%，西部地区 HHI 指数从 0.2870 下降至 0.1560，下降幅度为 45.6%。纵向对比看出，HHI 指数从东部、中部、东北到西部呈现递增的规律，1998 年西部地区 HHI 指数是东部地区 2.24 倍，2013 年西部地区 HHI 指数为东部地区 2.39 倍，HHI 反映出市场竞争程度从东部、中部、东北和西部呈现递减规律，中国东部市场发育完善、市场竞争程度最激烈，而西部市场集中度相对较高、市场化程度相对较低。

表 3.5 1998—2013 年分区域赫芬达尔指数

区域	1998 年	1999 年	2000 年	2001 年	2002 年	2003 年	2004 年	2005 年
东部	0.1280	0.1300	0.1300	0.1210	0.1150	0.1020	0.0814	0.0838
中部	0.1800	0.1820	0.1870	0.1890	0.1840	0.1700	0.1580	0.1510
东北	0.2480	0.2520	0.2540	0.2560	0.2450	0.2230	0.1950	0.1830
西部	0.2870	0.2910	0.2820	0.2750	0.2690	0.2610	0.2370	0.2240
全国	0.1710	0.1720	0.1720	0.1630	0.1550	0.1400	0.1160	0.1150
区域	2006 年	2007 年	2008 年	2009 年	2010 年	2011 年	2012 年	2013 年
东部	0.0789	0.0734	0.0623	0.0684	—	0.0702	0.0670	0.0653
中部	0.1410	0.1280	0.1070	0.1150	—	0.0982	0.0780	0.0905
东北	0.1650	0.1480	0.1180	0.1200	—	0.1090	0.1070	0.1080
西部	0.2100	0.1950	0.1670	0.1780	—	0.1620	0.1600	0.1560
全国	0.1080	0.0999	0.0840	0.0908	—	0.0898	0.0838	0.0848

数据来源：根据中国工业企业数据库计算整理所得，数据库缺失 2010 年企业生产销售和财务等相关信息。

HHI 指数度量企业规模离散度反映了市场占有率之间的竞争关系。本书还以勒纳指数（Lerner index）通过企业价格与边际成本方式衡量企业对市场价格的垄断程度，从市场势力与企业进出市场的难易程度反映市场竞争程度。参考刘小鲁（2017）的计算方法，根据企业层面营业利润、资本成本和主营产品销售额计算勒纳指数，在完全竞争市场环境下不存在高于资本成本的超额利润，因此如果勒纳指数为 0 时表示完全竞争市场，企业产品销售价格偏离边际成本越高、勒纳指数越大，则表示企业具有一定的市场势力，企业垄断市场能力越强。

根据四位数行业、省份和年份分区域计算勒纳指数均值，图 3.3 展示了东部、中部、西部和东北以及全国勒纳指数均值，在整个样本期间从横向时间趋势来看勒纳指数呈现逐年下降趋势；但纵向来看东部地区勒纳指数均值最低，西部地区勒纳指数均值最高，东部、中部、东北地区呈现递增规律，说明东部地区市场发育充分，而西部地区市场发育最迟缓。图3.3 中还可以观察到从 2003 年开始中部和东部地区勒纳指数总体呈现下降趋势，但是中部地区勒纳指数下降趋势明显快于东部地区，2007 年、2008年西部地区勒纳指数有所上升后又呈现出下降趋势。

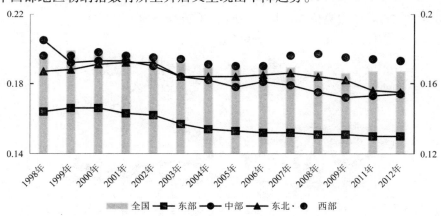

图 3.3　1998—2012 年分区域勒纳指数

数据来源：根据中国工业企业数据库计算整理所得。

3.2.1.2 对外开放的区域异质性

（1）贸易开放度的区域异质性

贸易进出口总额从 1978 年的 355 亿元增长至 2020 年的 321 556.9 亿元，增加到近 906 倍。2001 年 12 月 11 日中国正式加入世界贸易组织 WTO，伴随着关税水平下降和关税壁垒逐步消除，2001 年中国货物进出口为 51 378.2 亿元，近 20 年年均增长率达到 13.5%。中国对外贸易规模不断扩大，贸易依存度有所下降，但是国内贸易发展始终处于不平衡状态。根据各省贸易进出口总额和地区生产总值，分区域计算进出口贸易依存度。

从图 3.4 可以看出，1995 年东部地区贸易依存度为 70.5%，1998 年由于受亚洲金融危机影响贸易依存度下降至 55.5%，随后东部地区贸易逐步发展壮大，贸易依存度在 2006 年达到最高 89.1%，2008 年后东部地区贸易依存度有所下降，2020 年贸易依存度为 45.5%。中部、西部和东北地区贸易依存度始终低于 30%，其中东北地区贸易依存度在 20% 左右徘徊，中部和西部地区贸易依存度在 10% 左右，都远远低于东部地区。中国整体贸易依存度与东部地区贸易依存度发展趋于一致，1995 年中国贸易依存度为 40.8%，2006 年贸易依存度接近 60%，2020 年下降至 31.7%。

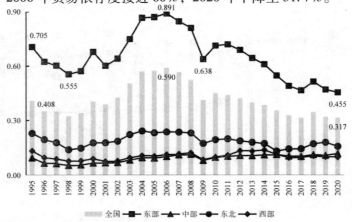

图 3.4 1995—2020 年分区域贸易依存度

数据来源：根据《中国统计年鉴》和《区域经济统计年鉴》计算整理所得。

表 3.6 进一步计算东部、中部、东北和西部地区进出口贸易总量占全国贸易总量的比重，从 1995 年至 2019 年东部地区贸易占比保持在 80% 以上，2020 年下降至 79.6%，2005 年和 2006 年东部地区贸易占比高达近90%。中部地区从 1995 年的 4.4%，进一步下降至 2005 年的 2.9%，2010年中部地区贸易占比上升至 3.9%，2020 年中部地区贸易占比进一步上升至 8.3%。东北地区贸易占比从 1995 年的 6.5% 下降至 2005 年的 4%，从2005 年至 2014 年 9 年间东北地区贸易占比在 4% 左右，从 2015 年开始东北地区贸易占比下降至 3% 左右，2020 年东北地区贸易占比 2.9%。1995年西部地区贸易占比为 5.1%，1998 年西部地区贸易占比为 4.1%，1999—2007 年西部地区贸易占比低于 4%，大约在 3.7%，2008 年西部地区贸易占比为 4.2%，从 2008—2020 年西部地区贸易发展迅速，2020 年西部地区贸易占比达到 9.2%。从整体上来说，中部、西部和东北三个地区贸易占比总量都远低于同时期的东部地区贸易占比。

表 3.6 1995—2020 年区域进出口贸易总量占全国进出口贸易总量比重（单位：%）

区域	1995 年	2000 年	2005 年	2010 年	2015 年	2020 年
东部	84.0	88.1	89.9	87.6	82.8	79.6
中部	4.4	3.1	2.9	3.9	6.4	8.3
东北	6.5	5.2	4.0	4.1	3.4	2.9
西部	5.1	3.6	3.2	4.3	7.4	9.2

数据来源：根据《中国统计年鉴》和《区域经济统计年鉴》计算整理所得。

（2）外资开放度的区域异质性

1995 年中国首次提出外商投资产业指导目录，根据开放程度将产业划分为鼓励类、允许类、限制类和禁止类，国家在 1997 年、2002 年、2004年、2007 年和 2011 年、2015 年、2017 年、2019 年多次进行修订，在本节研究样本期间还进行了两次调整。与 1997 年产业目录相比，424 个制造业四位数行业中，113 个行业外资开放程度增大，9 个行业减少外资开放程度，4 个混合变动，外资开放程度不变仍为 298 个（蒋灵多等，2018）。从

图 3.5 可以看出 1995 年东部地区实际利用外资额为 2749 亿元，中部地区实际利用外商投资额为 243.2 亿元，东北地区实际利用外商投资额为 255.2 亿元，西部地区实际利用外商投资额为 194.3 亿元，东部地区实际利用外商投资额约为中、西部和东北地区总和的 4 倍，东部和中部地区增长最快，2020 年东部地区实际利用外商投资额为 9689 亿元，比 1995 年增长了 2.5 倍，中部地区 2020 年实际利用外商投资额为 5915 亿元，相当于 1995 年的 24 倍。东北地区实际利用外商投资额从 1995 年的 255.2 亿元增长至 2014 年的 2114 亿元，西部地区实际利用外商投资额从 1995 年的 194.3 亿元增长至 2020 年的 1230 亿元，但是东部地区始终是实际利用外商投资额最多的地区。

单位：亿元

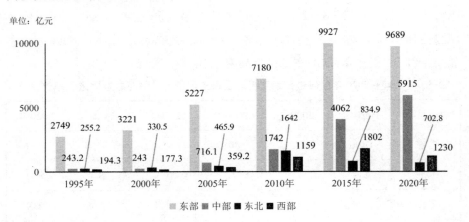

图 3.5　1995—2020 年分区域实际利用外商投资额

数据来源：根据 WIND 经济数据库和各省 2020 年《国民经济与社会发展统计公报》计算整理。①

根据东部、中部、东北和西部地区实际利用外商投资额计算各区域实际利用外资占比（图 3.6），1995 年东部地区实际利用外资额占全国实际利用外商投资 79.9%，1999 年东部实际利用外商投资占比高达 81.6%，而

———————

① 统计数缺失：西藏 1995—1997 年、2016—2020 年数据，青海省 1995 年数据。

同期中部地区实际利用外商投资仅为 6.5%，东北地区外商投资占比为 7.47%，西部地区外商投资占比为 4.42%，东部地区外商投资占比是中、西部和东北地区总和的 4.43 倍。2000 年后，东部地区外商投资占比不断下降，2019 年东部地区实际利用外商投资占比下降至 52.5%，中部地区实际利用外资占比上升至 32.5%，东北地区占比为 5.32%，西部地区占比为 9.71%。在本节研究的样本期间（1998—2007 年期间），东部地区实际利用外资占比为 78%，中部地区实际利用外商投资占比为 8.73%，东北地区实际利用外商投资占比为 8.47%，西部地区仅为 4.8%，其余三个地区实际利用外商投资比例不到 22%，东部与其他地区实际利用外资相比占主体地位。

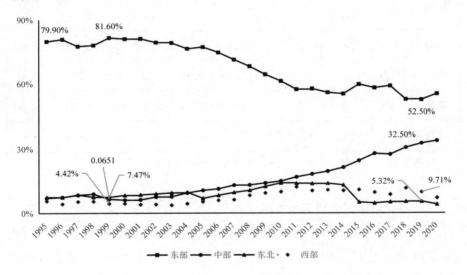

图 3.6 1995—2020 年各区域实际利用外商投资占比

数据来源：根据 WIND 经济数据库和各省 2020 年《国民经济与社会发展统计公报》计算整理。①

随着外资开放程度不断增大，外商直接投资与外资企业不断进入中国

————————

① 统计数缺失：西藏 1995—1997 年、2016—2020 年数据，青海省 1995 年数据。

市场，根据文中样本数计算（表3.7），外资企业仍然主要集中在东部地区，1998—2007年样本期间，东部地区规模以上外资企业数平均占总外资企业数86.6%，中部地区和东北地区外资企业数占总外资企业数均为5%左右，而西部地区外资企业数占总外资企业3.5%左右。对四个区域进一步研究发现，1998年东部地区外资企业占当地企业总数比例超过24%，而中、西部地区外资企业总数占比仅为4%~6%，东北地区外资企业数占当地企业数比例为10.8%，因此中国地区经济发展不平衡，地区经济不同所有制企业构成比例也不同。

表3.7　1998—2007年各区域外商企业数占区域企业数比重　（单位：%）

区域	1998年	1999年	2000年	2001年	2002年	2003年	2004年	2005年	2006年	2007年
东部	24.20	24.40	25.30	25.70	25.90	26.10	25.30	26.60	26.00	25.80
中部	4.10	4.43	4.69	5.16	5.51	5.86	5.95	6.43	6.62	6.60
东北	10.8	11.10	12.70	13.30	14.70	16.00	16.80	15.50	14.60	14.60
西部	4.20	4.36	4.69	5.06	5.34	5.68	5.67	6.16	6.11	6.13

数据来源：根据中国工业企业数据库计算整理所得。

3.2.2　中国式分权下的央地关系

中央政府与地方政府之间存在纵向权力配置与资源配置的基本关系（朱旭峰和吴冠生，2018），在政策实践过程中，央地之间的关系存在错综复杂的形态。中国特色的央地关系是改革开放以来中国经济腾飞的关键因素，政策工具多样性是调整中央与地方政府关系的重要方面。

3.2.2.1　中央政府与地方政府发展目标偏好差异

改革开放以来国家发展以经济建设为核心，但日益严重的环境问题引起了党中央和国家的高度重视，如何避免"先污染后治理"的老路，走出一条经济发展与环境保护双赢的新路是转型时期面临的重大现实问题。

1995 年，党的十四届五中全会提出实现中国经济增长方式从粗放型向集约型的根本转变，2003 年党中央提出"全面、协调、可持续的发展观"，着重处理好经济建设、人口增长、资源利用与生态环保的关系；党的十八大提出深化改革是加快转变经济发展方式的关键，实现集约型经济增长，提高全要素生产率；根据国际、国内环境变化，党的十九大报告提出中国已由高速增长阶段向高质量发展阶段转变这一重要判断，中国需要改变过去忽视质量效益的粗放型增长方式，实现由高污染、高排放向循环经济和环境友好型发展路径转变。经济增长方式转变是关系国民经济全局紧迫而重大的战略任务，产业政策是中国调整产业结构、促进经济增长的最重要政策工具之一。

从《90 年代国家产业政策纲要》开始，中国的产业政策贯穿每个五年发展规划，中央政府规划五年发展规划蓝图着力在产业发展转型过程中解决制造业升级与环境保护之间的矛盾。对于产业政策指导目录、产业投资基金、政府补贴等多项产业政策工具，中央政府的初衷是鼓励投资和引导产业发展，但是在发展目标上中央政府和地方政府存在着一定程度的错位。余壮雄等（2020）研究发现中央政府坚持可持续发展，在产业规划和扶持方面往往着眼于经济发展的长期目标，发展低碳排放行业，而地方政府更关注短期、本地区经济增长和税收，通过政府补贴和税收优惠等政策手段招商引资，偏向发展高产值的高碳排放行业。因此政策目标错位导致不同层级政府对于政策的作用领域、补贴对象、补贴方式有着不同的定位，对存在外部性的容忍程度也显著不同。政府官员更倾向于把有限的财政资金投向周期短、回报快的项目，导致真正需要政府扶持的新兴产业和企业因投资周期长、风险高而得不到资金，传统产业大部分都处于饱和状态，发展空间受到制约，粗放式发展形成路径依赖，缺乏动力进行绿色转型发展。从政策扩散的视角，中央与地方政府发展目标偏好差异导致治理逻辑差异，中国政治体制的结构性分层导致纵向主体政策目标的分化、偏差甚至背离，由此可能产生政策目标的外部性问题和产业政策协同的纵向阻滞问题。

3.2.2.2　地方政府策略性竞争与发展目标偏差

中国政府分为中央级、省级、地市级、县级和乡镇级五级，实施自上而下目标责任制，其中经济增长是目标责任制的主要考核指标，改革开放以来经济发展被中国地方政府视为最重要的发展目标之一。在中国市场化过程中，以财政分权改革激励了地方政府对经济的推动作用，以经济增长为核心的官员晋升锦标赛推动了地区经济的发展，而且政治锦标赛具有层次加码逐级放大的激励（周黎安等，2015）。政府官员对 GDP 增长目标的重视是导致地方政府发展缺乏长远、合理规划的原因，短视的政绩观激励地方政府优先发展中央重点扶持的产业，采取行政手段干预资源配置。地方政府追求"短平快"的发展理念不可避免地造成同质化竞争、重复建设和产能过剩的负面影响。在有限的官员任期内，地方政府保增长的策略通常是依赖国有企业投资和债务驱动经济增长的模式，并以各类税收优惠和要素补贴支持劳动和资本密集型行业，从而不可避免地导致制造业内部结构和粗放增长方式的"路径依赖"。显然，地方政府过度干预产业发展（余泳泽和潘妍，2019），追求"短平快"目标的发展思路影响了产业政策的实施效果。

改革开放以来，行政发包制和以经济增长绩效为核心的政治官员锦标赛是理解中国经济增长之谜和经济增长过程中涌现出的各种问题的关键所在（周黎安，2017；2018）。在政治和经济的双重激励下，地方政府在扶持本地产业和企业发展的过程中竞相出台减免税收、提供补贴、推行"零地价"土地净补贴等政策，围绕"GDP"展开的区域竞争促进经济高速发展的同时，也产生了诸如环境恶化、产业结构高度重合、产能过剩等负面影响，这一研究架构解释了中国经济长达四十余年的高速增长与社会问题涌现同时并存的现象。

地方政府受到政治和经济利益双重激励，为了扩大生产牺牲环境成本，地方政府出于 GDP 考核与官场晋升考虑，适当放松环境标准，弱化环境规制帮助寻租企业扩大再生产。地方之间的竞争可能导致产业政策偏离

"市场失灵"的理论依据，陷入被迫竞相出台产业政策的"囚徒困境"（刘小鸽等，2019）。如果仅仅依赖政府补贴或税收减免等产业政策，地方经济在激励竞争中难以脱颖而出，而聂辉华和李金波（2006）指出地方政府为了政绩而纵容企业选择坏的生产方式即采取"政企合谋"的策略（Local Government-Firm Collusion）。因此在落实产业政策过程中，地方政府为了经济和政治利益可能会扶持可以带来短期经济增长的产业和企业，为了弥补发展劣势地位，地方政府将环境补贴作为弥补缺陷、提高竞争力的重要工具。在中央对地方统一监管不完善的条件下，牺牲环境、利用环境补贴成为地方政府的首选，地方政府为了吸引产业和企业进入，不断降低环境门槛，使得原有的环境约束成为软约束。

地方政府的环境治理可能存在"逐底竞争"的现象，在产业扶持过程中，缺乏动机甄别产业类型，以地区发展利益最大化扶持当地企业，粗略增长方式在拉动 GDP 增长的同时，恶化了环境污染。因此环境保护激励不足和经济—环境多目标的冲突，是地方政策执行产业政策过程中面临的普遍困境。

3.3　中国工业污染排放的现状分析

3.3.1　工业污染排放的总量特征

3.3.1.1　工业废水污染排放量

中国面临水资源短缺和水资源污染的双重问题，水污染主要有工业废水污染、农业污染、生活污水污染、城市生活垃圾带来的水污染等。工业污染范围广、面积大，并且还有多种污染物质，工业生产过程中产生的废水毒性大且废水再处理难度相对较大。2020 年度《中国水资源公报》数据显示，水资源总量 31 605.2 亿 m³，用水总量达到 5812.9 亿 m³，工业用水量为 1030.4 亿 m³，占全国总用水量的 17.7%。2020 年按当年价格计算中国万元工业增加值用水量为 32.9m³，与 2015 年相比，按照可比价格计算万元工业增加值用水量下降了 39.6%①。2020 年劣 V 类水质断面占 0.6%，主要污染物是化学需氧量、总磷和高锰酸盐指数②。

图 3.7 绘制了 1993—2020 年的工业废水排放量，1993 年中国工业废水排放量 219.5 亿吨，1997 年工业废水排放量最低，为 188.3 亿吨，2000 年中国废水排放总量为 415.2 亿吨，其中工业废水排放量为 194.2 亿吨，占废水排放总量的 46.77%。1998—2007 年中国废水排放总量伴随经济发展呈现出缓慢上升的趋势，2007 年工业废水排放量达到最大，随后呈现出下降趋势。1993—1998 年工业化学需氧量波动上升，1998 年工业化学需氧量达到最高峰 801 万吨，随后，化学需氧量逐步呈下降趋势，2019 年工业化学需氧量排放量为 77.2 万吨。

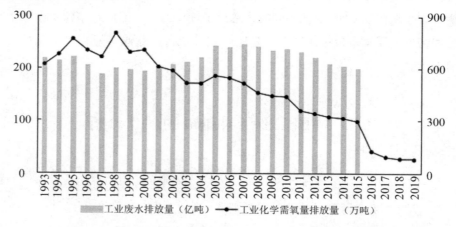

图 3.7　中国 1993—2020 年工业废水和工业化学需氧量排放量

数据来源：根据《中国环境统计年鉴》整理所得。

---

① 中国水利部. 2020 年度《中国水资源公报》[R/OL]. 中国水利部网站，2021-07-12.
② 中华人民共和国生态环境部. 2020 中国生态环境状况公报 [R/OL]. 中国环境监测总站，2021-05-27.

3.3.1.2　工业废气污染排放量

工业废气是企业在生产过程中使用燃料燃烧产生的气体，也是生产厂区产生的排入大气中的各类污染气体的总称，工业废气主要包括二氧化硫、二氧化碳、氨氧化物、硫酸雾、烟粉尘、硫化氢等。工业废气不仅污染空气，而且对人体会造成直接危害，因此空气治理是污染防治攻坚战的重点。2020 年中国 337 个城市 PM2.5、PM10、臭氧、二氧化硫、二氧化氮、一氧化碳浓度分别为 $33\mu g/m^3$、$56\mu g/m^3$、$138\mu g/m^3$、$10\mu g/m^3$、$24\mu g/m^3$、$1.3\mu g/m^3$，污染浓度较 2019 年均呈下降趋势[1]，但提升空气质量的任务仍任重而道远。

图 3.8 反映了中国 1993—2019 年工业二氧化硫和工业废气排放量，1993 年工业二氧化硫排放量为 1292.49 万吨，随着工业化规模不断扩大，2006 年二氧化硫排放量达到最大值为 2234.8 万吨，随后二氧化硫排放总量逐步下降，2019 年二氧化硫污染排放量为 395.4 万吨。1993 年工业废气排放量为 93 423 亿标立方米，工业废气排放量逐步上升，2015 年工业废气排放量为 685 190 亿标立方米；2019 年全国废气中氮氧化物排放量为 1233.9 万吨，其中，工业源废气中氮氧化物排放量为 548.1 万吨。2020 年全国 337 个地级市及以上城市中，202 个城市空气质量达标，337 个城市平均优良天数比例为 87%，以 PM2.5、臭氧、PM10、二氧化氮、二氧化硫为主要超标污染物，超标天数分别占到 51.0%、37.1%、11.7%、0.5% 和不足 0.1%[2]。

---

[1]　中华人民共和国生态环境部 . 2020 中国生态环境状况公报 ［R/OL］. 中国环境监测总站，2021-05-27.

[2]　中华人民共和国生态环境部 . 2020 中国生态环境状况公报 ［R/OL］. 中国环境监测总站，2021-05-27.

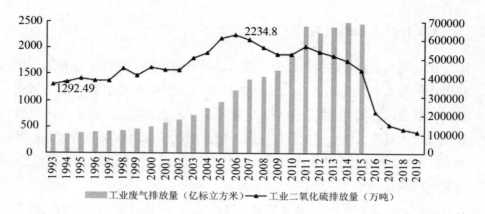

图 3.8   中国 1993—2019 年工业废气和工业二氧化硫排放量

数据来源：根据《中国环境统计年鉴》整理所得。

3.3.1.3 工业废物产生量

固体废物主要有工业固体废物、城市生活垃圾和危险废物。工业固体废物不仅占用大量空间和土地，而且会对土壤和地下水造成严重污染，影响动植物生长和人体健康。但是从污染源的情况来看，工业固体废物仍然是破坏环境的重要部分，主要包括了工业生产和交通运输过程中向环境排放的废渣、粉尘、污泥、尾矿等固态和半固态废弃物。对于发展中国家，由于缺乏相应的环保标准或安全处理设施，工业固体废物消极堆放，其挥发有害成分及化学反应仍然是影响生态环境的痼疾。1993 年中国工业固体废物产生量 61 708 万吨，工业固体废物综合利用量为 24 826 万吨；2019 年工业固体废物产生量 448 936 万吨，2015 年工业固体废物综合利用量为 200 857 万吨。1997 年工业固体废物综合利用率为 40.4%，2015 年工业固体废物综合利用率为 60.2%，年平均利用率为 56.3%（见图 3.9）。2022 年 1 月 27 日工业和信息化部、国家发改委、科学技术部、财政部、自然资源部、生态环境部、商务部、国家税务总局等八部委联合发文《关于加快推动工业资源综合利用的实施方案》（工信部联节〔2022〕9 号），推动重点行业工业固体废物实现源头减量化生产,提高规模化综合利用效率,加大再生资源循环利用,该方案提出中国要在 2025 年实现钢铁、有色金属、化工等重点行业工业固体废物产生强度下降,大宗固体废物综合利用率达到 57%,主要再生资源品种利用量超过 4.8 亿吨,形成产业循环、协同耦合的工业资源综合利用生态。

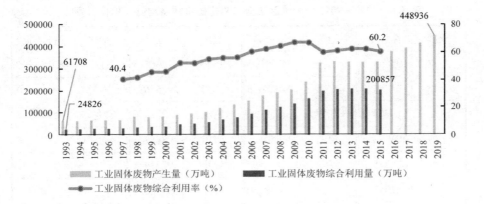

图 3.9 中国 1993—2020 年工业固体废物产生量和综合利用量

数据来源:根据《中国环境统计年鉴》整理所得。

3.3.2 工业污染排放的地区特征

工业二氧化硫、工业废水、工业固体废物污染排放的省域差距较大,且在空间上呈现明显异质性,相对于中西部地区,东部省份的排放规模较大。王艳华等(2019)研究发现 2005—2015 年北方省份工业废水排放强度较快,工业废气污染排放强度格局区域稳定,但山西部分省份污染水平上升,工业固体废物污染排放强度较高的主要集中在北方的河北省、内蒙古和山西省等省区。本书通过表 3.8 报告了 1997—2019 年中国部分地区二氧化硫污染排放量,从表 3.8 可知,考察期内全国二氧化硫平均排放量为283 457.8 万吨,其中山东省、江苏省、河北省、山西省和内蒙古自治区五个地区二氧化硫污染排放规模最大,江苏省、山东省、河北省属于重化工业大省，山西省、内蒙古自治区属于资源型地区。西藏、海南、青海、北京和福建五个地区排放规模最小，这些地区与产业结构密切相关。分别计算东部、中部、西部和东北地区四大区域的二氧化硫年均排放规模，东部是中国制造业主要集中地区，因此二氧化硫污染排放规模年均 322 715.0 万吨，西部地区二氧化硫排放相对最少，年均值在 24 338.1 万吨，中部地区和东北地区排放年均排放量大致在 300 710.8 万吨和 279 543.3 万吨。

表 3.8 1997—2019 年分地区工业二氧化硫排放量均值（单位：万吨）

地区	排放量	地区	排放量	地区	排放量	地区	排放量
北京	105853.5	山西	443220.5	内蒙古	417366.5	辽宁	537286.5
天津	125453.0	安徽	240283.5	广西	296546.5	吉林	141553.0
河北	619763.5	江西	213592.5	重庆	232748.0	黑龙江	159790.5
上海	204082.5	河南	388595.5	四川	408667.5		
江苏	636275.5	湖北	241589.5	贵州	397374.5		
浙江	242047.5	湖南	276983.0	云南	236986.0		
福建	118052.0			西藏	1680.5		
山东	868907.5			陕西	337674.0		
广东	294835.0			甘肃	222870.0		
海南	11879.5			青海	32806.5		
				宁夏	153686.0		
				新疆	181530.5		
东部平均	322715.0	中部平均	300710.8	西部平均	24338.1	东北平均	279543.3
全国平均				283457.8			

数据来源：根据《中国环境统计年鉴》整理所得。

从表 3.9 可知，考察期内全国工业废水平均排放量为 70 910.6 万吨，其中江苏省工业废水年均排放量为 240 426.1 万吨、广东省工业废水年均排放量为 168 043.0 万吨、浙江省工业废水年均排放量为 165 256.1 万吨、山东省工业废水年均排放量为 149 185.5 万吨，这四个省排放规模排在前四位且均位于中国东部地区，属于经济发达制造业大省。西藏、青海、海南、宁夏和北京五个省（自治区、直辖市）工业废水年均排放规模最小，其中西藏工业废水年均排放量为 1012.3 万吨，青海工业废水年均排放量为 6407.8 万吨，海南工业废水年均排放量为 6984.2 万吨，宁夏和北京工业废水年均排放量在 15 000 万吨左右，这些地区与产业结构密切相关。分别计算东部、中部、西部和东北地区四大区域的工业废水年均排放量，其中东部经济最为发达，也是制造业主要集中地区，因此排放规模年均 103 612.7 万吨，西部地区工业废水排放规模相对最少，年均值在 38 903.0 万吨，中部和东北地区工业废水年均排放量大致在 82 107.4 万吨和 60 097.5 万吨。

表 3.9　1997—2015 年分地区工业废水排放量均值（单位：万吨）

地区	排放量	地区	排放量	地区	排放量	地区	排放量
北京	15240.2	山西	40149.4	内蒙古	28652.1	辽宁	94512.1
天津	20441.7	安徽	67664.7	广西	115414.1	吉林	38724.8
河北	110110.5	江西	59070.7	重庆	61038.2	黑龙江	47055.5
上海	57299.0	河南	122091.1	四川	100469.1		
江苏	240426.1	湖北	97429.8	贵州	20243.4		
浙江	165256.1	湖南	106238.5	云南	37457.5		
福建	103150.4			西藏	1012.3		
山东	149185.5			陕西	37775.9		
广东	168043.0			甘肃	20830.6		
海南	6984.2			青海	6407.8		
				宁夏	15170.9		

				新疆	22364.7		
东部平均	103613.7	中部平均	82107.4	西部平均	38903.0	东北平均	60097.5
全国平均	70910.6						

数据来源：根据《中国环境统计年鉴》整理所得。

　　本书通过表 3.10 报告了 1997—2010 年中国各省（市、自治区）工业固体废物产生量，不同省份产业结构与本省支柱产业不同，因此工业固体废物产生量具有鲜明的地区特征。从表 3.10 可知，考察期内全国工业废物平均产生量为 4162.0 万吨，其中河北省工业固体废物年均产生量为 13 791.2 万吨、辽宁省工业固体废物年均产生量为 10 734.1 万吨、山西省工业固体废物年均产生量为 10 409.2 万吨、山东省工业固体年均废物产生量为 8801.3 万吨、内蒙古工业固体废物年均产生量为 6536.2 万吨，这五个地区属于中国传统能源消耗大省。西藏、海南、青海、宁夏、天津和北京六个省（市、自治区）工业固体废物年均产生规模最小，这些地区与产业结构密切相关，其中北京、天津和海南主要以服务业为主。分别计算东部、中部、西部和东北地区四大区域的平均工业固体废物排放规模，东部地区是制造业主要集中地区，因此 1997—2010 年间排放规模年均 4095.1 万吨，西部地区 12 个省（市区）相对最少，但西部地区各省经济发展不均，年均值在 3062.8 万吨，同属于西部地区的四川和内蒙古工业固体废物年均排放量最大，分别为 6374.0 万吨和 6536.2 万吨，而西藏年均值仅为 10.0 万吨，中部地区和东北地区同时期工业固体废物年均排放规模相当，约为 5754.7 万吨和 5596.3 万吨。

表 3.10　1997—2010 年分地区工业固体废物产生量均值（单位：万吨）

地区	排放量	地区	排放量	地区	排放量	地区	排放量
北京	1205.6	山西	10409.2	内蒙古	6536.2	辽宁	10734.1

地区	排放量	地区	排放量	地区	排放量	地区	排放量
天津	938.3	安徽	4717.0	广西	3493.0	吉林	2434.4
河北	13791.2	江西	6335.3	重庆	1717.0	黑龙江	3620.4
上海	1790.1	河南	6052.8	四川	6374.0		
江苏	5173.3	湖北	3686.1	贵州	4406.0		
浙江	2433.6	湖南	3328.0	云南	4938.1		
福建	3802.1			西藏	10.0		
山东	8801.3			陕西	3960.6		
广东	2891.0			甘肃	2271.9		
海南	124.8			青海	708.3		
				宁夏	816.2		
				新疆	1522.6		
东部平均	4095.1	中部平均	5754.7	西部平均	3062.8	东北平均	5596.3
全国平均 4162.0							

数据来源：根据《中国环境统计年鉴》整理所得。

3.3.3 工业污染排放的行业特征

本书利用 1998—2007 年中国工业企业生产和工业污染排放的匹配微观数据加总到二位数行业层面，选取工业二氧化硫排放强度和工业废水排放强度作为大气污染和水污染的代表性指标，通过对不同行业排放强度分析行业污染排放的差异性。从表 3.11 可以看出，非金属矿物制品业（31）、石油加工、炼焦及核燃料加工业（25）、造纸及纸制品业（22）、化学原料及化学制品制造业（26）、木材加工及木、竹、藤、棕、草制品业（20）

二氧化硫污染排放强度最大，也即单位工业产出的二氧化硫排放量规模较大。仪器仪表及文化、办公用机械制造业（41）、通信设备、计算机及其他电子设备制造业（40）、电气机械及器材制造业（39）二氧化硫污染排放强度相对最低，属于清洁型产业。造纸及纸制品业（22）、纺织业（17）和饮料制造业（15）工业废水污染排放强度在中国38个二位数制造业中排在前三位，石油加工、炼焦及核燃料加工业（25）、家具制造业（21）和烟草制品业（16）工业废水排放强度相对最低，行业污染排放强度差异较明显。

表 3.11　1997—2007 年分行业工业二氧化硫和工业废水污染排放强度

行业代码	行业名称	二氧化硫	工业废水
13	农副食品加工业	0.355	0.864
14	食品制造业	0.507	0.924
15	饮料制造业	0.616	1.185
16	烟草制造业	0.278	0.359
17	纺织业	0.569	1.410
18	纺织服装、鞋、帽制造业	0.298	0.852
19	皮革、毛皮、羽毛（绒）及其制品业	0.227	0.866
20	木材加工及木、竹、藤、棕、草制品业	0.647	0.596
21	家具制造业	0.181	0.345
22	造纸及纸制品业	0.994	2.482
23	印刷业和记录媒介的复制	0.191	0.559
24	文教体育用品制造业	0.150	0.480
25	石油加工、炼焦及核燃料加工业	1.039	0.324

行业代码	行业名称	二氧化硫	工业废水
26	化学原料及化学制品制造业	0.674	1.015
27	医药制造业	0.403	0.751
28	化学纤维制造业	0.441	1.040
29	橡胶制品业	0.509	0.636
30	塑料制品业	0.272	0.453
31	非金属矿物制品业	1.342	0.538
32	黑色金属冶炼及压延加工业	0.551	0.431
33	有色金属冶炼及压延加工业	0.522	0.490
34	金属制品业	0.217	0.641
35	通用设备制造业	0.230	0.510
36	专用设备制造业	0.236	0.640
37	交通运输设备制造业	0.169	0.535
39	电气机械及器材制造业	0.137	0.429
40	通信设备、计算机及其他电子设备制造业	0.130	0.614
41	仪器仪表及文化、办公用机械制造业	0.123	0.768
42	工艺品及其他制造业	0.178	0.714

数据来源：根据中国工业企业数据库和中国企业污染数据库整理所得。

3.3.4 工业污染排放的企业特征

本节将中国工业企业数据库和中国企业污染排放数据库根据企业法人代码，企业名称、年份和地址等信息进行逐年合并匹配，并且统一了国民经济行业代码和地区行政代码，主要选取工业二氧化硫和工业废水排放强度两个指标进行事实分析。图3.10展示了中国企业按照所有制分类的污染排放强度的平均差异情况，从图中可知，无论是二氧化硫污染排放强度还是工业废水污染排放强度，外资企业的平均污染排放强度远低于本土企业的污染排放强度，表明相对于本土企业，外资企业具有更好的环境绩效。进一步将本土企业划分为国有和私营企业，图中显示，民营企业二氧化硫的污染排放强度远低于国有企业的污染排放强度，工业废水的污染排放强度同样是民营企业低于国有企业。这一结论与邵朝对（2021）的研究发现一致，外资企业相对于本土企业来讲，同期产出更高，污染排放更小，污染排放强度更低。对处于快速工业化阶段的发展中大国，中国建立完整涵盖石油化工、钢铁冶炼和建材造纸等污染密集型工业在内的大而全的工业体系，各种污染排放物总量增加具有一定的历史必然性，而国有大中型企业往往承担着国家经济命脉，钢铁、石油加工和石油开采、化工、电气机械和有色金属冶炼及压延等都属于重化工行业，主要是国有大中型企业，同时也属于污染排放强度更高的行业。

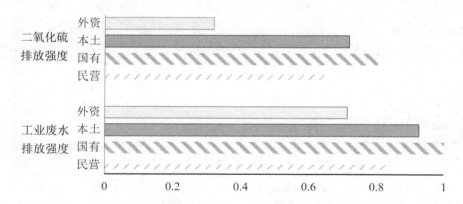

图3.10　中国1998—2007年二氧化硫和工业废水分企业所有制污染排放强度

数据来源：根据中国工业企业数据库和中国企业污染数据库整理所得。

3.4 小结

从 20 世纪 80 年代至今，中国从计划经济向市场经济转型发展过程中，中央政府与地方政府广泛且持续地实施了一系列产业政策，这就为本书的研究提供了丰富的政策背景。本章属于研究的基础部分。首先，通过对改革开放以来，中国产业政策的演进轨迹和阶段性特征进行阐述，以此分析了在不同发展阶段产业政策目标多元化和产业政策工具多样化，并通过对研究样本期间政府补贴和税收优惠两组产业政策工具进行量化分析，进而更清晰地认识产业政策的特征。其次，通过市场竞争和市场开放两个方面刻画了中国实施产业政策的市场环境，从中央政府与地方政府在发展目标偏好不一致、地方政府之间存在策略互动导致政策目标偏差两个方面分析了中国实施产业政策的制度环境，为下一步理论与实证研究进行铺垫。最后，本章从中国工业污染环境的现状，从工业污染排放的时间变化趋势、空间分布特征，从行业与企业层面反映了污染排放强度的差异性。本章研究为后续理论与实证研究奠定了基础，对中国产业政策历史回顾、经验事实分析以及环境污染状况的现实描述有利于更加清晰地认识本书的现实背景，为最后的政策建议提供启示。

4 产业政策环境效应的理论分析框架

在第 2 章概念界定和文献综述基础上，结合第 3 章中国产业政策实施情况、制度背景和环境污染的现状，本章将构建研究产业政策环境效应的理论分析框架。首先，在第一节理论模型和第二节机理分析基础上，提出产业政策通过规模效应、创新效应和结构效应影响企业环境绩效的基础性理论假说。其次，政策有效性与市场机制、政府质量密切相关，因此本书提出两条拓展性理论假说。其一是从政府与市场关系出发，在第三节分析竞争开放市场机制与产业政策交互效应对企业环境绩效的影响；其二是从央地政府互动关系出发，在第四节分析中央政府政绩考核与地方政府环境治理对产业政策效应的影响。最后，第五节综合以上理论分析，拟在"有效市场"和"有为政府"框架下分析产业政策的环境效应。

4.1 理论模型

在 Copeland and Taylor（1994）和 Brock and Taylor（2005）等模型的基础上，参考郭杰等（2019）将产业政策的扶持力度作为生产要素，引入环境污染的模型中，推演得出产业政策通过规模效应、创新效应和结构效应为基本路径影响企业环境绩效的分析框架。

4.1.1 基本设定

假设经济系统中代表性企业生产工业制成品 M，在生产过程中产生污染排放物 Z（非合意产出）。企业使用资本 K 和劳动力 L 两种生产要素，资本和劳动市场报酬分别为 r 和 w，假定企业生产函数为柯布—道格拉斯形式、具有规模报酬不变的特征，即污染排放量 Z 与制成品 M 产量正相关。

代表性企业产生的污染排放物将给其他生产者或者消费者带来不利影响，企业生产排放的成本转嫁给全社会，因此代表性企业生产制成品 M 具有一定的环境成本。在竞争性市场的分析中，实现帕累托最优的重要前提条件之一是经济活动不存在外部性。一旦社会主体的经济活动产生外部性，完全竞争市场的资源配置效率就不可能达到帕累托最优状态，因此市场中"看不见的手"无法有效发挥资源配置作用。对于污染企业的负外部性影响，经济学理论提出采取对污染企业征税、鼓励企业合并或者明确产权等方法纠正外部影响造成的资源配置低效。科斯定理指出只要明确产权，并且交易成本为零或者极低，则无论将初始产权赋予谁，市场均衡将达到最优效率。因此明确产权和税收都是科斯定理在环境保护中的具体应用，排污费、环境税以及排污权交易就是政府不断探索环境污染负外部性内部化的实践。政府在明确社会其他主体具有不受污染之害的前提下，企业有责任解决污染问题，因此企业在生产过程中对环境产生的负外部性影响需要支付一定成本。

企业缴纳排污费、环境税或购买排污权等行为或者引进减排技术、购买减排设备都将占用一部分要素投入，因此在生产过程中企业需要权衡生产与排污成本以实现利润最大化。根据 Copeland and Taylor（1994）模型设定，企业产出为 $F(K, L)$，假设企业承担污染治理的要素投入占总生产要素的比例为 θ，$\theta \in [0, 1]$，$\theta = 0$ 表示企业不考虑排污成本潜在最大产出。一般情况下，$0 < \theta < 1$，企业在生产过程中实际产出水平是 $(1 - \theta) F$，即

$$M = (1 - \theta)F(K, L) \tag{4.1}$$

企业进行生产经营的同时排放污染物 Z 的表达式为：

$$Z = \lambda(\theta) F(K, L) \tag{4.2}$$

设定污染排放函数是关于治理投入比例的减函数，函数形式如下：

$$\lambda(\theta) = A^{-1}(1-\theta)^{\frac{1}{b}} \tag{4.3}$$

其中 A 表示生产技术水平，污染排放函数是单调递减的凹函数，即满足一阶倒数小于零，$\lambda'(\theta) < 0$，二阶函数导数大于零，$\lambda''(\theta) > 0$。

将（4.3）式代入（4.2）式，即可得到污染物排放量的函数表达式，

$$Z = A^{-1}(1-\theta)^{\frac{1}{b}}F(K, L) \tag{4.4}$$

根据新古典经济增长理论，将企业获得技术进步作为外生变量，假定 A 以固定速率 $g \geq 0$ 增长，总产出 Y 是资本和劳动与技术进步函数。根据已知假设产出 Y 是投入要素资本和劳动的一次齐次函数，即 Y 对 K 和 L 的规模报酬不变，并且资本与劳动的边际产量随着投入的增加而逐渐递减。

$$Y = F[K, L, A] \tag{4.5}$$

先将（4.4）式恒等变化如下，

$$Z = A^{-1}(1-\theta)^{\frac{1}{b}}F(K, L) \Rightarrow (1-\theta) = (AZ)^b F(K, L)^{-b} \tag{4.6}$$

根据（4.1）式和（4.4）式，即可推出制成品 M 的实际产出函数表达式，将（4.6）式代入（4.1）式得到：

$$M = (AZ)^b F(K, L)^{1-b} \tag{4.7}$$

制成品 M 为使用两种要素投入 K 和 L 下，潜在产出水平 F 和产生污染排放物 Z 的产出品。

4.1.2 生产决策

生产者行为最优规划理论表明利润最大化与成本最小化具有对偶关系。根据生产函数表达式（4.7），生产过程分为两个决策阶段。

①企业在完全竞争的要素市场上购买资本 K 和劳动 L 两种生产要素，并对相应的劳动投入支付工资，对资本要素投入支付租金，r 和 w 分别是单位资本和劳动投入要素的价格，且 r 和 w 价格由完全竞争市场决定。C^F 表示单位潜在产出成本，这时单位潜在产出 F 的成本 C^F 最小化：

$$\begin{cases} minC^F(w, r) = r\bar{K} + w\bar{L} \\ s.t.\ F(\bar{K}, \bar{L}) = 1 \end{cases} \tag{4.8}$$

其中，$\bar{K}$、$\bar{L}$ 分别为生产单位潜在产出的资本投入和劳动投入。

企业的生产行为满足服从成本函数（$wL + rK \leq C^0$），引入 $\mu \neq 0$ 为待定的拉格朗日乘子，通过拉格朗日函数将企业生产与成本联系起来，此时（4.8）式转化为数学规划问题：

$$L = r\bar{K} + w\bar{L} + \mu[1 - F(\bar{K}, \bar{L})] \qquad (4.9)$$

为满足 C 最小化的一阶条件，根据拉格朗日函数分别对 $\bar{K}$ 和 $\bar{L}$、μ 分别求偏导，得到企业生产决策中最优要素投入比例的必要条件：

$$TRS_{K, L} = (\partial F/\partial K) / (\partial F/\partial L) = w/r \qquad (4.10)$$

②给定排污成本和单位潜在产出 C^F 时，企业选择产出单位产出的生产成本最小化 C^F：

$$\begin{cases} minC^{min}(\rho, C^F) = \rho(AZ) + C^F F \\ s.t. \ (AZ)^b F^{1-b} = 1 \end{cases} \qquad (4.11)$$

同理利用拉格朗日函数求解（4.11）式得到一阶最优条件为：

$$(1 - b)AZ/bF = c^F/\rho \qquad (4.12)$$

4.1.3 排污选择

假设企业生产制成品 M 价格既定，

总收益函数：$TR = P^M M \qquad (4.13)$

总成本函数：$TC = c^F F + \rho AZ \qquad (4.14)$

总利润函数：$Profit = TR - TC \qquad (4.15)$

如果市场是完全竞争市场，当企业处于长期均衡时，利润函数将为零，则有

$$P^M M = c^F F + \rho AZ \qquad (4.16)$$

由（4.12）式和（4.16）式可得：

$$Z = \frac{b P^M M}{\rho A} \qquad (4.17)$$

将（4.17）恒等变形：

$$Z = (P^M M + P^Z Z) \frac{P^M M}{P^M M + P^Z Z} \frac{b}{\rho A} = S? \; E? \; \frac{b}{\rho A} \qquad (4.18)$$

其中，$(P^M M + P^Z Z)$ 为经济规模代表规模效应 S，$\dfrac{P^M M}{P^M M + P^Z Z}$ 为产成品 M 在总产值中的份额代表结构效应 E，技术因素为 A 表示技术效应。

对（4.17）式取对数：

$$lnZ = lnS + lnE + lnb - lnA - ln\rho \qquad (4.19)$$

借鉴郭杰等（2019）将企业受产业政策扶持力度作为投入要素引入生产函数，产业政策扶持力度影响企业的产出水平 $S = S'(indus)$、产业结构 $E = E'(indus)$ 和企业技术创新 $A = A'(indus)$，企业生产函数表示如下：

$$F(K, L) = G(indus) K^\alpha L^{1-\alpha} \qquad (4.20)$$

$$lnZ = ln\,S'(indus) + lnb + ln\,E'(indus) - ln\,A'(indus) - ln\rho \qquad (4.21)$$

产业政策对企业污染排放的影响取决于规模效应、技术效应与结构效应三方面。规模效应衡量企业生产技术水平和潜在产出不变的情况下，产业政策通过政府补贴、税收优惠、政策性贷款等形式培育发展政府重点产业，受政策扶持行业经济规模扩大，带动相应行业上下游产值规模扩大，而落后淘汰产业生产萎缩或转型发展，引起企业污染排放总量的变动。技术效应在衡量企业收益和产出不变的情况下，产业政策推动技术创新而减少污染量。结构效应衡量产业政策影响产业结构和企业内部的资源配置，拥有比较优势的产业或企业生产扩张，而缺乏比较优势的产业或企业萎缩，所引起的企业污染排放变化。

4.2 产业政策环境效应的机理分析

产业是生产同类物质产品或提供相近服务的企业经济活动集合，产业活动是企业投入与产出到同类领域的经济现象。企业作为产业活动的微观基础，也是产业发展的主体。产业政策作为政府资源配置手段，影响微观企业的生产、投资等一系列决策，产业政策的作用对象是企业，政府补贴和税收优惠最终流向是企业。虽然企业层面的补贴和税收减免未必全部是环境补贴和环保税收优惠，也可能是生产补贴、出口补贴、研发补贴或研发税收减免，但即使是生产或研发补贴或税收减免都使得企业面临的各种外部制约性条件发生改变，企业经济活动表现为权衡投入产出与成本收益后，通过组织、调整、匹配或者集中各种要素资源开始生产经营活动，从而影响企业排污行为。Grossman and Krueger（1991）通过研究北美自由贸易协定对环境的影响，从生产理论视角将贸易影响环境污染分解为规模效应、技术效应和结构效应；Brock and Taylor（2005）证实任何经济活动对污染水平的影响都基于规模变化、技术进步和结构转型三个途径。"环境三效应"的研究范式为后续研究提供了基本分析框架，因此本研究将遵循该框架考察产业政策的环境效应。

4.2.1 规模效应

在政府实施产业政策过程中，选择具有资源禀赋优势、产业链前后关联强的产业作为重点发展对象，有意识地将资源要素和政策优惠向重点产业和重点企业倾斜，政府补贴和税收优惠具有"成本缩减效应"和"融资效应"（Howell，2017；王军和黄凌云，2017）。产业政策的规模机制表现，一是影响生产规模再扩大或缩小，表现出显著的增长效应和规模效应，而淘汰或落后企业缩小生产规模。政府通过市场准入、政府补贴、税收优惠和政策性贷款等形式干预产业成长，政策扶持缓解了企业预算约束，降低生产要素使用成本或者增加投入要素的方式，实现生产规模扩大、效率提升，表现为单位产出的污染排放量下降，企业环境绩效提升。政府倾向于扶持重点产业和重点企业，提高了重点产业生产率和资源配置效率（宋凌云和王贤彬，2013），实现产业之间、产业内部、企业之间的资源再重置效应。产业政策通过财税政策工具将资源要素引导到重点产业和生产率较高的企业，政府重点扶持产业表现出较高的生产增长率和较高的产出份额。微观企业的经济活动汇集到产业层面，表现出不同产业规模变动，重点产业受到财政补贴和税收优惠激励了企业的增长效应，促进重点产业规模的提升（宋凌云和王贤彬，2016；2017）。二是影响企业投资水平、投资方向和投资效率。产业政策通过信息机制和资源效应有效缓解了企业融资约束（车嘉丽和薛瑞，2017），影响了企业投资水平、投资方向和投资效率。融资约束是制约企业进行投资的重要因素，政府补贴作为企业现金流的重要来源，税收优惠能节省企业现金流出，提高企业现金持有水平，因此产业政策增加了企业获得政府扶持的机会，有效缓解企业面临的融资约束压力，从而提高企业投资水平。产业政策代表了中央政府和地方政府经济发展的导向，向市场传递国家投资重点方向和产业发展的潜力，因此产业政策影响企业投资方向。政府扶持初衷越明确，政府扶持资源配置效率越高（步丹璐等，2019），产业政策通过银行信贷资金的中间渠道提高企业投资机会、投资规模和投资效率（周亚虹等，2015；何熙琼，2016；Chen et al.，2017）。税收减免政策工具不仅在短期内可以促进企业固定资产投资（刘啟仁等，2019），在长期发展过程中还能提高供给质量和提升供给效率（申广军等，2016）。

政府为了实现产业发展目标，地方政府会利用政府补贴、减免税收和低息贷款等财政手段通过挑选"赢家"的方式将财政资源流向生产率和产值较高的企业，企业生产效率提升，单位产出的污染排放量将减少。第一，政府补贴属于确定性收入，提供企业成立初期所需要的无偿性资金支持，降低企业购买生产设备、建设厂房等固定成本，提高了企业的利润和盈利水平，企业有更多的资金购买减排设备和引进清洁技术，引进高技术人才，提高企业生产效率与减排效率。税收优惠这种通过"事后激励效应"提高企业预期收益，激励企业通过企业资源要素整合积极进行创新战略，提升资源配置效率。第二，产业政策直接降低了企业的生产过程成本，节约了企业的流动资金，从而使得企业获得竞争优势，扩大生产规模以实现经济规模，受扶助企业生产规模扩大可能导致污染排放绝对数量增加。伴随着规模经济实现，企业长期平均成本将逐步下降，使得单位产出的污染排放量减少。相对应，重点企业市场份额增加，挤压其他低效率企业市场占有率，使得其他企业产出减少和污染排放减少。第三，政府对市场干预，加快企业进入或退出市场，技术型、清洁型企业进入市场，污染排放密集度更高的企业，因生产成本更高而转型或退出市场，产业政策更倾向于清洁产业，使得污染密集型企业受到要素市场价格影响，增加其生产成本，从而倒逼污染密集型企业减少生产或者生产转型，因此产业政策实施影响了企业污染排放行为。最后，产业政策通过合理的节税避税、政府补贴等方式减少生产成本，降低企业偷税漏税风险和违法成本。作为政府重点扶持的企业，政府对企业补贴使用方向、用途进行有效监督，提升了企业资源要素配置效率，对企业生产和排污行为具有激励与约束作用。

4.2.2 创新效应

产业政策通过财政补贴、税收优惠直接或间接地增加了企业的现金持有量，缓解了企业资源约束，为企业创新提供资金支持，激励企业进行生产型技术创新、环境型技术创新，生产技术和治污技术的提高，引起了污染排放的变化。企业创新是一国经济实现可持续增长和绿色转型的微观基础，产业政策影响了企业过程创新和产品创新。产业政策实施过程中，技术创新通过规模经济、中间投入品多样性和质量改善等，减少污染排放。同时企业为了获得政府扶持，企业会尽可能生产满足环保要求的产品，从而激励企业提高能源效率和环保投入。产业政策的创新效应表现在创新信号传递效应和创新投入挤入效应。

从信号传递理论出发，政府通过调研、甄别、评价、筛选对企业采取了各种政策性扶持（Feldman and Kelley, 2006；Meuleman and Maeseneire, 2012），政府补贴、税收减免作为一种具有良好投资价值信号传递给银行等投资者，帮助企业尤其是高科技企业贴上获得产品质量和企业声誉或价值投资的标签，这些受政府青睐的企业获得"认证效应"（李莉等，2015）。在不完全或不充分的市场环境下，研发及创新收益具有高度不确定性，使得银行、私人等投资者与企业之间存在严重的信息不对称的情况。信号机制传递不畅，政府实施产业政策作为中介组织扮演了信号传导通道的角色（Feldman and Kelley, 2006; Kleer, 2010），减少了信息不对称的情况。政府补贴扮演的这种信号传递媒介效应，释放出政府对企业以及所处行业的认可的信号，可以帮助企业获得更多的外部资源，降低企业的不确定性与不对称性。对于处于转型期间背景下的国家，产权保护体系和司法体系不健全，一方面获得政府扶持可以看作是企业与政府保持良好的政治关联信号（卢盛峰等，2017），另一方面，这种政治偏袒和政治关联帮助企业获得更多的政府补贴、税收优惠和信贷资源（余明桂等，2010；任曙明和吕镯，2014），企业跟进政府引导的产业发展方向，同样有利于企业获得多方渠道的技术支持与技术合作，减少企业交易成本与创新过程阻滞现象的发生（杨洋等，2015）。中国现阶段市场要素的扭曲和知识产权制度的不完善，会导致企业进行绿色技术创新的动力不足，在这种情况下，通过政府补贴和税收减免、提供信贷优惠等产业扶持，能够缓解融资约束，有效激励企业增加绿色创新研发投入。

从创新资源挤入效应看，政府补贴、税收减免从本质上都是企业利润的一部分，政府扶持对企业创新投入产生挤入效应（杨洋等，2015；Guo et al. 2016）。政府扶持增强了企业创新意愿，政府针对新产品开发和科研创新方面的专项扶持，直接降低了企业进行新产品和绿色创新的成本和风险，提高了企业进行绿色创新的回报率，从而激发了企业绿色创新的动机和意愿。政府通过对企业创新、研发投入进行补贴，对高新技术、绿色环保型企业和产业进行税收减免，一方面可以降低企业进行创新和绿色技术研发、减排技术的成本，另一方面产业政策发挥政策导向，能够提高企业绿色创新研发活动的意愿，从而促进企业环境绩效的提升。产业政策对企业的绿色创新技术有显著的正向作用，尤其是对中小企业和民营企业的绿色创新研发活动。政府颁布了大量关于扶持战略性新兴产业的政策文件，主要以创新补贴为主，创新的外溢效应被进一步放大。从产业政策创新效应的角度来看，政府补贴、税收优惠作为政府扶持企业发展的主要工具，能够解决企业创新研发投入面临的资金不足问题，对企业研发技术创新起到积极的促进作用，激发企业研发投入动力，提高了企业创新产出水平

（张杰，2020），降低了企业污染排放强度。卢洪友等（2019）研究发现，政府补贴在产业政策引导支持下，通过创新技术促进了企业环保投资，增强了企业的环境责任意识。产业政策推动制造业技术进步，提高企业创新能力，对提高能源利用、降低能源消耗、减少污染排放和环境污染具有至关重要的作用（景维民和张璐，2014；金培振等，2014；郭克莎和彭继宗，2021）。

4.2.3 结构效应

产业政策的结构效应可以从产业层面结构升级和企业层面要素配置优化作用于企业的环境绩效，结构效应的影响方向取决于产业结构的变动。产业政策促进了产业结构优化升级，使得产业之间的资源得以合理分配和充分利用，从而能够有效降低环境污染（Lindmark，2002；Paschiem，2002；原毅军和谢荣辉，2012；严太华和朱梦成，2021）。资源要素市场供求关系引起要素价格变动，进一步影响企业通过调整资源要素配置以实现利润最大化，要素价格变动影响企业进入或退出市场。政府对新兴产业、新能源产业和高新技术产业或重点企业进行扶持，企业根据市场价格发出的信号，研判进入该行业壁垒的高低和预期收益，根据市场竞争强弱和发展机遇等选择生产方式，进行技术创新。政府积极实施产业政策推动产业结构升级，是改善环境污染的重要动力。随着工业化进程不断推进和产业结构升级换代，传统产业相对处于市场饱和状态和价值链底端，发展空间受到制约。产业政策通过政府补贴和税收减免等形式对新兴产业加以扶持，带动该领域发展和产业链向高端方向延伸。产业政策的信号机制调动市场中微观主体的投资方向，清洁产业比重上升，而污染行业比重下降，产业技术结构升级降低了行业平均污染排放水平。传统产业粗放式发展使环境成本上升，产业政策通过鼓励、限制或淘汰的方式配置资源，引导企业进行生产、投资、重组，加快产业结构调整，伴随着新兴产业的发展和技术外溢效应，相关技术和产品进入传统产业，传统产业得到改造，改造后的传统产业又反过来促进新兴产业的可持续性发展，有利于提高产业价值链的整体生态效率。从结构效应的角度来看，产业结构决定污染物产生的质量和数量，对污染物的种类数量和形成原因有明显影响，伴随着技术进步和产业结构升级，环境污染程度随着资本技术密集型结构比重上升而逐渐下降（Grossman and Krueger，1995），资源要素从污染行业转向清洁行业，有利于提升节能减排技术、提高生产效率，从而改善环境。

产业结构是指生产要素在不同经济部门和产业之间的重新配置，引起经济部门调整和产业产值的比重变化（Kuznets，1957）。从产业结构升级来看，产业结构调整是经济各部门和不同产业产值的发展变化，产业结构演变遵循配第—克拉克定理，库兹涅茨（Kuznets）认为引起产业结构变动的国民经济各部门相对收入差异。钱纳里（Hollis B. Chenery）对经济增长与结构演变进行了更加深入研究，从发展模型提出经济发展的标准结构，即经济发展不同阶段对应着不同的经济结构，产业结构呈现出规律性变化。市场经济自然演化的客观规律促进产业结构升级，政府引领产业发展战略可以推动产业结构的升级速度和进程（金戈，2010；黄亮雄等，2015）。库兹涅茨研究发现，伴随着经济发展，产业结构演进中，农业部门在经济中产值比重趋于下降趋势，从事农业的劳动力相对比重同样处于下降趋势，而工业部门的产值不断上升，从事工业生产的劳动力比重趋同。在工业和制造业内部，各产业发展速度不相同，与现代科技相关的产业增长最快，其产值和与劳动力结构比重都处于上升趋势，而传统产业部门的结构比重和劳动力比重均处于下降趋势。产业结构优化表现为产业结构合理化和产业结构高度化（干春晖等，2011；韩永辉等，2017）。产业结构合理化是产业结构高级化的基础，合理化特征是产业之间的比例均衡和产业协作顺畅，从较低水平向较高水平演进体现了产业结构的高级化（周振华，1990）。合理的产业结构有利于满足市场有效需求、均衡产业比例、资源配置合理利用、吸收先进技术、容纳一定就业人数，有利于自然资源与生产平衡。因此产业政策使得要素资源在国内不同产业间重新配置，产业政策的结构效应源自专业化分工的调整。中国地区间要素禀赋差异较大，学者们主张依据当地发展条件遵循比较优势（林毅夫等，1999；

林毅夫和李永军，2003；潘士远和金戈，2008），违背比较优势会导致效率损失（陆铭等，2004；王永钦等，2007）。地方政府根据比较优势扶持本地优势企业、进行专业化生产，如果该产业具有比较优势，那么政府产业政策扶持进行专业化生产，生产规模随之扩大，而如果该产业属于清洁产业，政府对其进行产业扶持，在该产业进行专业化生产，生产规模扩大的同时也会使得污染行业生产规模下降，进而减少国内污染排放量。不同产业部门产品的相对价格发生变动，导致国内产业结构也随之发生改变。

从企业要素资源配置视角看，政府实施产业扶持往往会优先考虑具有竞争力、能够有效带动当地 GDP 和就业的企业，产业政策通过"挑选赢家"，利用资源禀赋，扶持政策显著降低企业融资约束，从根本上缓解企业发展所需要的资金压力。要素重置效应具体表现为企业直接获取政府资源和企业通过信号传导间接获取社会资源流入，实现企业生产要素的优化配置。一是企业获得政府的财税补贴，加大对企业生产和研发等投入的支持力度，缓解企业融资约束，实现资本与劳动要素等各项生产要素更好的匹配。二是这些优惠政策传递给市场的积极信号，吸引更多企业进入该行业中。从信号传递理论出发，财政扶持手段作为一种利好投资的信号传递给私人投资者，能够帮助企业贴上被政府认可的标签，从而有助于企业获取外部融资（Lerner，1999；Feldman et al，2006；Kleer，2010）。中国转轨体制的特征是信号传递机制存在的制度基础。在中国经济转型背景下，司法体系、知识产权保护体系尚不完善，获取政府扶持可以看作企业是积极响应政策导向的、服从政府指引的，以此向外界传递出企业与政府关系良好的信号，从而有利于企业从其他渠道获取资源（杨洋等，2015）。

通过前文分析，产业政策影响了微观企业生产决策、技术研发和要素配置，还通过产业结构调整作用于企业。企业生产决策引起生产规模和投资水平变量，引起污染排放数量变化，变现为产业政策的规模效应。产业政策通过传递创新信号和挤入企业的创新效应，通过技术创新和效率提升，促进了企业减排技术和减排效率，减少了企业污染排放。政府实施产业政策推动了产业结构合理化和高级化，随着经济发展和产业结构升级，环境污染得以改善，产业政策提升了产业资源配置效率和企业内部要素配置优化，最终体现为政策的结构效应影响企业的污染排放。图 4.1 绘制了产业政策环境效应的传导机制。

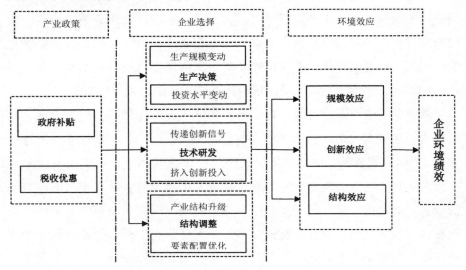

图 4.1　产业政策环境效应的传导机制

4.3　产业政策环境效应中的市场力量

1978 年改革开放以来，中国逐步从计划经济走向市场经济，从相对封闭走向全面开放，市场环境正处于转型发展时期，突出的特点就是中国市场化进程和对外开放呈现空间异质性，资源禀赋、地理位置与对外开放程度的区域差异会影响产业政策的传导机制和政策效果。地理位置与政策倾斜使得东部沿海地区处于先发优势，拥有比中、西部地区更广阔的市场空间。因此政府实施产业政策并非在匀质空间环境中，外部市场环境形成的竞争机制对企业的生产行为、研发投资、技术创新、控制排污等行为产生重要影响，市场价格的激励机制与反馈机制同时也影响地方政府扶持产业的方向和扶持力度。市场环境与产业政策的动态关系影响企业在资源环境约束下的生产行为和减排行为，地区市场化加快了资本和劳动力要素资源流动，外商直接投资与贸易开放产生显著的技术溢出、示范效应与竞争效应，因此不同地区的市场环境对产业政策的环境绩效产生影响的程度如何，仍需要进一步检验。

4.3.1 市场竞争对政策效应的影响

中国市场化过程是一场大规模的制度变迁，在 1997—2007 年市场化对经济的贡献年均增长 1.45%，提高企业生产效率和企业间资源配置效率（樊纲等，2011；马光荣，2014）。市场是不完善、不充分的，为政府实现可持续发展，实施产业政策提供了空间，合理、适度的政策干预能够弥补市场失灵，提高市场运行效率。在发展型地方政府的政策合集中，产业政策是政府推动经济发展、实现产业结构转型升级的重要抓手（韩永辉等，2017），市场化程度越高，政府行政干预的空间越小，市场竞争越激烈，产业政策受市场配置资源的力量就越大，资源配置效率就越高。中国持续推进市场化，市场竞争有助于政府在实施产业政策时减少信息不对称和信息不完全的情况的出现，市场"优胜劣汰"机制传递出企业技术水平、发展前景等积极信号，政府依据市场动态变化规范和引导企业的生产、投资和排放行为，并加强对其的监督和规制作用。因此政府对企业提供的政府补贴和税收优惠与市场机制形成合力，促进产业结构升级，补贴效率提升，加大企业环境投资和绿色产品供给。具体来说，市场竞争对产业政策影响企业环境绩效主要体现在以下三个方面：

第一，市场竞争与产业政策的协同作用推动地区产业结构优化升级，提高企业的经济绩效与环境绩效。市场竞争机制推动绿色环保新产业、新业态不断涌现，产业转型需要资源要素在产业间重新配置、环境投资与资本支持（张建鹏和陈诗一，2021）。新兴产业发展往往面临着技术外部性、中间品匮乏和金融市场有限支持的情况，出现市场失灵，新兴产业往往具有更高的生产效率和更低的污染排放，政府通过政府补贴、税收优惠和低息贷款等形式缓解发展初期的资本约束，适度引导和保护新兴产业，加快产业结构更迭，带动行业和企业环境绩效的提升。

第二，市场竞争推动了效率提升和技术进步，政府通过"挑选赢家"对成长性较好的企业进行扶持，Aghion et al.（2015）认为产业政策在更有竞争性的行业内实施时，产业能够促进企业生产效率的增长。因此市场机制越充分，市场竞争强度越高的地方，价格信号传导机制越能够消除市场的不对称、不完全信息，提升企业使用政府补贴的利用效率和资源配置效率，缓解企业生产成本和融资压力，提高企业的生产率，降低企业绿色技术创新成本和环保投资成本。另外，市场竞争加剧，政府对企业补贴和税收优惠相当于分担了企业绿色创新活动的风险，增强了企业进行环境投资的信心。

第三，市场竞争推动绿色环保产品形成巨大的市场需求。随着经济不断发展和生活质量不断提升，以及消费者对绿色产品的需求，市场强化了企业利用政府补贴和税收优惠等改进生产工艺、研发绿色产品、生产绿色产品，通过政府补贴、税收优惠、低息贷款等产业政策激励企业增加绿色产品的供给。另外，市场竞争促进了清洁设备和清洁技术不断更新，政府对企业的补贴和税收优惠降低了企业的生产成本，企业能够购买更多清洁设备，从而降低了企业对环境污染的强度。

4.3.2　市场开放对政策效应的影响

尊重和依托市场机制是实现产业政策既定目标的必要条件（韩永辉等，2017），只有通过不断推进市场化进程，建立公平、竞争、开放、有序的市场经济，构建与国际接轨的开放型经济体制，才能充分发挥产业政策的作用。

首先，对外开放会强化政府产业扶持、提升企业环境绩效。一方面，对外开放程度高的地方，市场面临更加激烈的竞争，这使得地方政府在对企业进行扶持时更加倾向于选择具有较好成长性的企业；另一方面，企业从政府补贴和税收优惠获取政府扶持，将更多资金投入生产，提高效率，从而降低了企业的排污强度。因此本书认为，在对外开放程度高的地方，企业获取政府补贴或税收优惠更倾向于投资生产创新活动、提高技术；对外开放程度高的地方，国际贸易对环保产品的要求日益提高，国际市场优胜劣汰机制，促使地方政府选择绿色生产的企业。

其次，对外开放程度高的地方，挤压了企业寻租的空间，政府补贴和税收优惠信号效应会更加明确。在对外开放程度高的地方，政府会更倾向于市场主导逻辑，遵循市场的选择，政府补贴和税收优惠等对特定企业或行业扶持的信号，比开放程度低的地方更强。对外开放程度高，信息更加透明，政府产业扶持具有更强的针对性。另外，对外开放程度高的地方，企业寻租的空间更小，政府补贴和税收优惠的激励效应能够有效发挥。

最后，对外开放增加国际交流，有利于获取国外在环境保护方面的经验做法，完善地方政府在政策推进过程中的制度管理。对外开放扩大了进口与出口，企业引进绿色先进技术和设备，汲取绿色生产和绿色管理理念。对外开放有助于地方政府与国际组织、跨国公司合作，通过国际多边扶持开展环境污染治理的环保合作，政府扶持经济效益与环保效益协同发展的外商生产企业。

4.4 产业政策环境效应中的政府作用

通过合理的产业政策实现经济发展和环境保护的双重目标是很多国家尤其是发展中国家面临的难题，仅仅依靠市场经济自我调节机制实现"自我净化"、解决环境污染问题是极其漫长的过程（李永友和沈坤荣，2008）。制度给人创造的动力是多元化的，可能促进经济发展，也可能破坏经济（许成钢，2018）。产业政策是中央政府实现产业转型升级、淘汰落后生产能力、推进经济社会全面绿色转型的重要政策工具，地方政府是产业政策的实际执行者，中央政府制定产业政策立足于国家全局利益和长远利益，而地方政府关注属地利益，根据地区资源禀赋和政绩诉求选择性执行产业政策，如果政策目标不符合地方利益，地方政府可能会采取"阳奉阴违"的策略削弱中央政府政策效果（许成钢，2018）。中国式"政治集权+经济分权"治理模式是理解产业政策最重要的制度背景（孙早和席建成，2015），因此产业政策有效性需要解决两个关键问题：一是政策制定者和执行者之间的政策目标是否一致，如何纠正目标偏差；二是怎样执行政策才有效，实现产业政策的动力和路径本身是否有效，需要什么样的制度供给。

中央政府并非一成不变的决策者，当面对经济发展中产生的诸多社会问题，特别是环境资源制约经济发展时，中央政府逐步重视环境保护并开始引导地方政府行为，促使其从热衷于发展经济转向经济增长和环境保护并重上来。中央政府提供的制度供给并非常量，因此本书从中央和地方之间博弈的互动关系视角，分析政府行为变迁的逻辑，一方面，中央政府基于全局的掌控与判断，根据发展目标和发展阶段，通过适当的制度激励调控地方政府的行为；另一方面，地方政府面对动态政治和经济激励，通过各种政策工具组合调整自身的行为以谋求利益最大化。

4.4.1 中央政府的宏观调控与制度供给

改革开放以来地方政府在 GDP 增长方面展开"逐顶竞争"，而在环境治理方面进行"逐底竞争"，因此中央政府开始强调环境保护。中央政府从顶层设计完善环境保护的制度建设，相应出台的一系列政策调整了地方政府的政治激励。

1989 年中国通过《中华人民共和国环境保护法》确立了保护环境是国家的基本国策，地方政府对本行政区的环境质量负责，但是并未进一步规定环境目标具体考核办法和奖罚措施。1996 年国务院批复《国家环境保护"九五"计划和 2010 年远景目标》，开始实施可持续发展战略，规定了 12 种主要污染物预期性污染排放总量控制的规划目标，为有效落实环保政策，中央政府开始着手建设系统的激励体系。同年中央政府出台了《国务院关于环境保护若干问题的决定》（国发〔1996〕31 号），该决定第一项明确规定实行环境质量行政领导负责制，各级地方政府制定污染控制和环境保护目标并且上报上级政府，并将环境质量作为主要领导人工作的考核内容之一，环境质量与干部考核挂钩，真正意义上的环境保护目标责任制自此起步。

"十一五"规划则将二氧化硫总量控制由预期性目标调整为减排 10% 的约束性目标，将目标细化到各省并设置各省减排目标，地方政府是环境保护的第一责任人，二氧化硫减排情况纳入地方政府评价考核体系，并实行定期考核。与预期目标的实现依赖于市场主体在政府有效引导下的独立行为不同，约束性目标的强制性通过制度引导地方政府有效利用公共资源和行政权力来实现。中央政府设定环境保护约束性，逐级分解到省、市等地方政府。为了激励地方政府，完成约束性目标通常与主要领导人的政治晋升挂钩（Liang and Langbein，2015）。通过制度供给激励，中央政府可以确保地方政府遵循其政策偏好，并在国家层面实现强制性目标。

产业发展规划和环境政策体系的完善体现了中央政府对地方政府行为的调控与引导，绿色政绩考核要求地方政府在积极发展地方经济的同时要更加关注环境保护。中央政府明确考核标准和奖惩措施，将环境污染的外部性内化为地方官员利益最大化的成本变量，考核机制将有利于矫正各类产业政策的扭曲现象。

4.4.2 地方政府的积极回应与政策选择

中央通过干部责任制度、干部轮换和兼任等对地方政府保持强有力的控制，中央政府对地方政府人事权的控制，是政治激励得以有效发挥的保障（周黎安，2018）。中央政府统一制定经济绩效考核与环境绩效考核标准，地方政府会根据当地的社会经济发展状况权衡与考量目标任务，以回应中央对多目标的政绩要求，地方政府会根据中央政府的目标偏好，设定他们自己的目标期望水平和目标优先级，以此来调整自身行为（Meier et al.，2015；Rutherford and Meier，2015）。

从软性约束到硬性约束，环保政绩考核转变有助于中国在发展经济的同时实现保护生态环境的目标任务。地方政府根据自己的经济发展目标、地区比较优势以及自身财政负担能力的客观要求，对不同产业给予政府补贴，税收减免，低息贷款力度、方向和水平，均在不同阶段发生着动态的调整与变化。从重点产业选择的视角，从"九五"到"十二五"，地方政府越来越倾向于将中央选择的重点产业作为地方重点产业来发展（赵婷和陈钊，2019），地方政府选择与中央政府一致的重点产业政策在推动经济发展过程中更容易获得中央的各种政策支持；地方政府通过对产业扶持力度和扶持方向的转变，以期平衡经济增长与环境保护。

从经济激励视角，中央政府制定并实施五年规划、高技术产业、战略性新兴产业发展、新能源产业规划等产业政策，设定专项环保补贴政策、对新兴绿色产业实施税收优惠政策。因此地方政府加大跟随中央政府的步伐，以中央五年规划和工业转型规划为蓝本制定本地区发展规划有利于各地争取中央的产业支持，扩大对中央重点产业的扶持，获得中央财政补贴等。围绕国家重点产业，地方政府为相关产业提供补贴或减免税收，也向中央传递了地方政府积极作为的信号。

从政治激励视角来看，中央对环境保护的重视会为地方政府带来政治激励，地方政府可以通过在环境绩效上的"表现"获得晋升的机会。中央政府通过绩效考核的方式，影响地方政府在经济增长与环境保护方面的配置。地方政府加大对环境保护治理的投入，虽然从短期来看，在财政收入和推动经济增长方面并不明显，但是从长远视角出发，环境治理和对新兴环保产业的扶持可以吸引更多的投资。中央和地方政府在实施产业政策过程中通过明晰政策边界和激励相容解决委托—代理等问题。

4.5　"有效市场"＋"有为政府"框架下的产业政策效应

国家的发展绩效取决于制度供给与政策实施两个要素，没有制度保障，政策将缺乏稳定性和持续性，没有好的政策，再好的制度也将处于虚置状态（燕继荣，2020）。中国特色社会主义是有效市场和有为政府相结合的经济（陈云贤，2019）。当产业政策和制度所产生的动力一致时，政策是有效的，反之是无效的（许成钢，2018）。产业政策具有促进经济发展的巨大潜力，但只有在制度环境合适的情况下，这样的潜力才能有效发挥，要想成功促进产业政策，必须对硬约束（binding constrains）做出灵活反应，根据特定的环境和制度加以调整才能促进产业政策成功（Hausman et al，2007；詹姆斯·罗宾逊，2016）。通过前四小节的分析，本书将在"有效市场"＋"有为政府"框架下分析产业政策的环境效应。

深化市场经济体制改革，发挥市场在资源配置的决定性作用。产业政策的制定和实施必须建立在尊重市场规律的基础之上，遵循市场供求关系。如果市场开放与竞争不均衡、不充分，市场发育不全，就会影响市场在资源配置中的决定性作用，从而影响产业发展质量。有效市场是国内与国际两个市场通过价格信号引导要素充分流动，价格竞争、技术竞争、产品竞争是市场发挥其效率优势，实现甄别、选择产业的过程，传递产业发展趋势、技术创新、组织结构和布局方向。从新结构经济学视角，产业政策目标是建立健全完善市场，尊重经济主体进入产业和市场的自由权利，充分发挥市场发现和扩散知识技术的能力，激发市场活力，增进产业活力，进而保护和促进产业发展。

政府作为制度供给者，是推进产业政策不断提高发展水平的动力。作为政策制定者和执行者只有不断深化改革、积极推动、努力创新，才能推动新的制度供给，而产业政策的有效实施依赖于制度推进。中央政府从政策设计，确定产业政策的发展目标、原则、思路、重点等，同样需要有自上而下的强制性制度变迁约束、监督和引导地方政府行为，地方政府通过积极配合和落实才能实现产业政策的目标。中国经济发展正处于转型时期，从企业自生能力的概念出发，要想解决发展中国家和国家转型中的环境污染问题，首先要解决企业的自生能力问题，这就需要政府采取遵循比较优势、提升要素禀赋结构的产业政策，通过提高企业自生能力，相应地提高企业的环境绩效，在企业具备自生能力后，相应的环境治理、环境规制、环保技术才能得以有效发挥（郑洁和付才辉，2019）。在中国转型期间，产业政策发挥积极作用需要更多的必要条件。若忽视了政府行为的角色和定位，就会导致对企业环境绩效认识得不全面，无法有针对性地通过政策设计来提升企业环境绩效，实现绿色转型发展。

图4.2构建了本书整体的研究框架，中间核心部分奠定了本书研究的

基础，产业政策通过规模效应、创新效应和结构效应影响了企业环境绩效。研究框架左半部分代表了充分竞争和对外开放的"有效市场"，市场化程度越高，资源配置效率越高，市场与产业政策的互补效应越强；对外开放过程中中国与世界各国发挥比较优势、展开分工合作，构建与国际接轨的开放型体制，前文分析市场越开放，对产业政策协同效应越大。研究框架右半部分，中央政府不断提高国家治理，深化经济与政治体制改革，合理的政绩考核激励了地方政府在落实产业政策的过程中，实现国家发展目标；地方政府也将主动回应中央政府的多目标发展要求，因势利导发展本地区优势产业，积极参与环境治理，这套政策组合拳强化了环境绩效。"有效市场"与"有为政府"构成了一个统一的互动整体，本书剩余内容将按此框架展开研究。

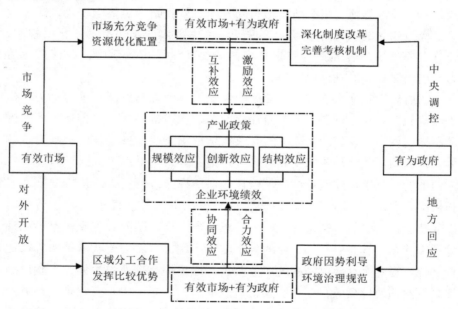

图 4.2 　"有效市场"+"有为政府"框架下产业政策的环境效应

4.6　小结

　　本章为全文研究的理论基础和核心组成部分。中国通过将市场机制与政府政策相结合，成为全球产业政策的典范（Federal Ministy for Economic Affairs and Energy，2019）。为了使本书的研究更严谨，本章尝试构建"有效市场"+"有为政府"分析框架研究产业政策的环境效应，为后续实证分析呈现清晰的研究脉络。首先，基于 Copeland and Taylor（1994）和 Brock and Taylor（2005）等模型关于环境污染来源的分析框架，从规模效应、创新效应和结构效应三个维度考察了影响企业环境绩效的内在机制，以此作为研究的核心理论。其次，本书从市场与政府关系、中央与地方关系挖掘市场力量和政府作用如何影响产业政策的环境效应。最后，本书构建了"有效市场"+"有为政府"的分析框架，为后文的实证研究奠定了理论基础。

5　产业政策环境效应的实证分析

第 4 章从理论上分析产业政策的环境效应，第 5 章将基于中国工业企业数据库和中国企业污染数据库匹配的微观数据，以政府补贴和税收优惠两种产业政策工具为研究对象，实证检验产业政策的环境效应以及政策发挥作用的渠道。第一小节介绍模型构建、变量选取与数据来源；第二小节基于模式设定对基准回归结果进行分析，并通过变换解释变量、被解释变量，调整固定效应和聚类标准误等稳健性检验进一步验证基本结论，本章还用 Heckman 两步法、工具变量法等方法进行内生性问题讨论，依据企业、行业和地区差异性进一步分析产业政策效果的异质性；第三小节建立中介效应模型分析产业政策环境效应的主要路径机制；第四小节进一步讨论什么方式的产业政策更有效；第五小节为小结。

5.1　研究设计

5.1.1　模型构建

在理论分析基础上，产业扶持政策究竟对企业环境绩效具有促进作用还是抑制作用还需要进行实证检验。本章参考陈登科（2020）、苏丹妮和盛斌（2021a；2021b；2021c）的做法，设定计量模型式（5.1）用以考察产业政策对企业污染排放行为的影响：

$$Pollution_{ijpt} = \alpha + \beta\, policy_{jpt} + \gamma\, \vec{X} + \xi_i + \delta_t + \mu_{ijpt} \tag{5.1}$$

下标 i 表示企业，j 表示行业，p 表示省份，t 表示年份。核心解释变量 $policy_{jpt}$ 为 p 省 j 行业 t 年产业政策变量，被解释变量 $Pollution_{ijpt}$ 表示 p 省 j 行业企业 i 在第 t 年的污染排放。企业固定效应 ξ_i 控制了所有不随时间发生变化的企业特征，诸如企业地理位置，时间固定效应 δ_t 控制了如中国加入 WTO、环境规制变动、汇率变动等随时间变化不可观测因素对企业污染排放强度的影响。X 为一系列影响企业污染排放的企业层面、行业层面和地区层面的控制变量合集，控制了企业随时间变化的特征，如企业全要素生产率、企业出口行为。行业随时间变化的特征，如行业资本密集度，行业集中度等；地区随时间变化的特征，如地区经济发展水平、对外开放程度和环境规制程度。μ_{ijpt} 为随机误差项。本章重点关注核心解释变量的系数 β，如果系数 $\beta > 0$，表明产业政策实施导致企业污染排放强度上升；如果 $\beta < 0$，表明产业扶持有助于降低工业企业的污染排放强度；如果 $\beta = 0$，则说明产业政策对企业污染排放强度没有影响。根据前文机制分析，预估核心解释变量的系数 $\beta < 0$。

5.1.2　变量选取

第一，核心解释变量 $policy_{ijpt}$：产业政策变量。地方政府是产业政策的实际执行者，在中国产业政策体系中，政府产业工具庞杂，主要有目录指导、投资核准（审批）与市场进入、淘汰落后产能或者强制关停产能、土地政策、财政补贴、产业投资引导资金、税收优惠、政策性贷款、政府采购、人力资源、基础设施及平台建设等（江飞涛等，2021）。囿于地方政府获取支持国内企业和某一产业公开信息的有限性以及隐蔽性，很难准确量化产业政策。本章借鉴 Aghion et al.（2015）、赵婷和陈钊（2020）、Howell（2020）根据中国工业企业数据库以三位数行业分类构建产业政策变量，选取与政府实施产业政策密切相关的政策工具政府补贴和税收优惠作为代理变量。具体计算方法如下：政府补贴根据中央或地方政府提供的生产补贴收入作为产业政策变量，中国工业企业数据库提供了补贴收入指标，政府补贴广泛用于科学研究、环境保护和中小企业等方面；税收优惠包括企业增值税和企业所得税两项税收减免，参考戴小勇和成力为（2019）、江飞涛等（2021）的计算方法，即税收优惠＝工业增加值＊企业增值税税率＋利润总额＊企业所得税税率－实际缴纳增值税－实际缴纳所得税。本章样本期为1998—2007年，1998—2007年中国内资企业的统一所得税基准税率为33%，外资企业所得税统一法定税率为15%，增值税基准税率为17%，2008年中国所得税进行调整，外资企业所得税统一法定税率为25%，因此计算时将国有企业、集体企业和私营企业等划归为内资企业组，将港澳台和外商控股企业划归为外资企业组，根据税率计算税收优惠。

政府补贴、税收优惠是中国重要的产业政策工具，度量了中国产业政策的不同方面。如果把企业层面的污染排放与产业政策直接进行回归估计，无疑会存在严重的内生性问题。政府可能会倾向于扶持新兴产业（Stiglitz et al.，2013），或产业政策实施的目标是保护本地企业发展，这些情况下直接回归会造成对系数的高估或低估。为了确保政策工具指标相对每个企业是外生的，每个产业政策指标根据国民经济行业分类三位数（GB4754-2002）在地区层面进行加总，再从三位数行业层面政策变量减去企业 i 享受所在产业政策变量作为核心解释变量。

第二，被解释变量：企业污染排放强度。本章借鉴陈登科（2020）、苏丹妮和盛斌（2021a）的做法，考虑到中国作为发展中国家，在保持经济增长的同时谋求环境改善，本章以单位产出的污染排放量衡量环境绩效改善程度。由于二氧化硫是中国政府制定环境五年规划减排目标中的主要污染物之一，中国工业能源结构主要以煤炭为主，导致二氧化硫排放最多，因此本章选取空气污染的主要排放物二氧化硫（$lnSO_2$）构造企业污染排放强度作为基准回归。中国工业企业污染数据库同时还提供了1998—2012年工业废气、工业废水、工业粉尘、工业烟尘、烟（粉）尘和化学需氧量等污染排放量，根据污染强度计算公式，本章将其他排放物的污染强度作为稳健性检验。

第三，控制变量：为了尽可能验证结论的稳健性，参考陈登科（2020）、苏丹妮和盛斌（2021a，2021b，2021c）、邵朝对（2021），本章选取企业层面、行业层面和地区层面三类控制变量控制政府补贴外的其他因素对企业污染极小的影响。

企业层面控制变量：①企业年龄，企业当年所处年份减去企业成立年份加1取对数；②企业规模，由企业固定资产净值年平均余额取对数；③企业全要素生产率，根据 Levinsohn 和 Petrin（2003）采用中间品投入计算 TFP 可以有效缓解内生性问题并减少样本量损失，其中产出指标使用工业总产值（当年价格），劳动投入为全部从业人员年平均人数，资本投入采用企业固定资产净值年平均余额衡量，缺失工业中间投入合计通过计算公式所得：工业中间投入合计＝工业总产值（当年价格）＊主营业务销售成本/主营业务销售收入－应付工资（薪酬）总额－本年折旧，工业增加值＝工业总产值（当年价格）－工业中间投入合计＋应交增值税补齐；④资本密集度，实际固定资产年平均余额与年均从业人员比值取对数；⑤企业杠杆率，用企业负债合计占企业总资产的比重来表示；⑥企业所有制虚拟变量，其中内资企业设为1，外资企业设为0；⑦企业是否从事出口业务的虚拟变量，当企业出口交货值大于0，取1，否则为0；⑧企业是否进行创新的虚拟变量，当企业新产品产值大于0，取1，否则为0。其中工业总产值（当年价格）和工业增加值等使用1998年工业品出厂价格指数进行平减调整，企业固定资产净值使用1998年固定资产投资指数进行平减调整。

行业层面变量包括：①赫芬达尔—赫希曼指数（Herfindahl-Hirschman Index）测度产业集中度和企业规模离散度，根据工业企业数据库基于地区—四位数行业层面工业企业当年销售产值的平方和来测算每家企业市场占有份额，HHI指数越高，表示市场垄断程度越高，集中度越高，如果该指数等于1，表示独家企业垄断市场，该指数越小，反映了企业规模分布越均匀；②行业资本密集度即用地区—四位数行业层面的实际固定资产净值与全部从业人员年平均人数的比值取对数来表示。

地区层面变量：①地区经济发展水平，人均国内生产总值 GDP 取对数；②地区对外开放程度，外商实际投资额取对数；③地区环境规制程度，采取地区"三同时"环保投资额取对数。

5.1.3　数据来源

本章数据主要来源：①中国全部国有工业企业以及规模以上非国有工业企业数据库，涵盖了企业的基本信息、所属行业与主营业务、生产销售与资产负债等财务信息；②中国企业污染数据库，该数据库提供了企业能源消耗和污染排放等一系列环境相关指标，例如，企业煤炭消耗、天然气消耗、水消耗、二氧化硫排放（以及处理等）、化学需氧量排放（以及处理等）；③中国区域经济统计年鉴，该数据库统计中国 31 个省（市、自治区）经济发展各项指标。本章将中国工业企业数据库、中国企业污染数据库，通过企业所在省（市、自治区）与区域经济数据匹配形成用于测算产业政策环境效应的面板数据。具体而言，首先参照 Brandt et al. 的（2012）和聂辉华等（2012）的做法将工业企业数据库、污染数据库和专利数据库进行清洗，删除工业总产值、固定资产净值为负或缺失值，删除从业人员少于 8 人或缺失值，删除不符合会计准则，如总资产小于流动资产，累计折旧小于当期折旧。在 1998—2007 年样本期间，中国国民经济行业代码标准（GB/T 4754—1994）于 2002 年重新调整（GB/T 4754—2002），为了使企业在研究样本期间保持一致的行业代码，本章采用 Brandt et al. 的（2012）方法，将 GB/T 4754—1994 与行业代码 GB/T 4754—2002 进行对照调整。《中华人民共和国行政区划代码》在样本期内经过 GB/T 2260—1995、GB/T 2260—1999、GB/T 2260—2002、GB/T 2260—2007 四个版本调整，参考邵朝对等（2018）的方法，以 GB/T 2260—2007 为准采用 4 位数地区代码对企业所在行政区位进行调整。表 5.1 汇报本章所使用变量的描述性统计，除虚拟变量外，其他变量均取对数形式。

表 5.1　变量描述性统计

变量名称	观测值	均值	标准差	最小值	最大值
政府补贴	356，506	3.649	4.051	0	14.108
税收优惠	234，936	6.819	4.371	−3.514	15.702

续表

变量名称	观测值	均值	标准差	最小值	最大值
二氧化硫	231，886	5.688	3.796	-5.704	13.434
工业废气	355，238	0.200	0.404	0	11.854
工业废水	355，239	0.886	1.071	0	14.827
工业粉尘	317，517	0.317	0.989	0	13.332
工业烟尘	355，238	0.415	0.770	0	12.896
工业烟（粉）尘	317，517	0.665	1.143	0	13.473
化学需氧量	355，239	0.317	0.711	0	12.345
企业年龄	356，172	3.467	0.457	2.708	7.612
企业规模	354，732	9.537	1.751	0	18.261
全要素生产率	356，506	0.336	1.592	0	193.387
资本密集度	356，099	5.108	1.046	-6.397	13.086
企业杠杆率	356，099	0.654	0.345	-0.761	23.120
企业所有权	356，506	0.336	0.472	0	1
企业创新	356，506	0.279	0.449	0	1
企业出口	356，506	0.229	0.420	0	1
赫芬达尔—赫希曼指数	356，506	0.542	0.351	0	1
行业资本密集度	356，506	4.310	0.978	0	12.548
人均GDP	356，506	9.450	0.645	7.741	11.103
外商实际投资	356，506	12.17	1.571	0.693	14.599

变量名称	观测值	均值	标准差	最小值	最大值
环境规制	355,474	2.586	0.979	0	4.649

5.2　实证结果与分析

5.2.1　基准回归结果与分析

基准回归将政府补贴和税收优惠衡量产业政策作为核心解释变量。表5.2报告了在控制企业固定效应和时间固定效应后，产业政策变量对企业二氧化硫排放强度（$\ln SO_2$）的回归结果。其中，第（1）列和第（2）列是核心解释变量政府补贴对二氧化硫污染排放强度的回归结果，第（3）列和第（4）列是税收优惠对二氧化硫排放强度的回归结果。表5.2第（1）列和第（3）列在不考虑控制变量的情况下，政府补贴回归系数为-0.023，并且在1%水平上通过显著性检验，税收优惠回归系数-0.007，在1%水平上通过显著性检验。第（2）列、第（4）列加入影响企业排污行为的控制变量合集，政府补贴的回归系数为-0.019，并且在1%显著性水平显著；税收优惠变量的回归系数为-0.006，在1%水平上通过显著性检验。所以，从回归结果看，无论是否放入企业、行业和地区层面控制变量，两种类型产业政策变量的系数均在显著性水平1%上显著为负，表明实施产业政策平均降低了企业二氧化硫污染排放强度，提高了企业环境绩效。

表5.2 基准回归检验结果

变量	（1）	（2）	（3）	（4）
	$\ln SO_2$	$\ln SO_2$	$\ln SO_2$	$\ln SO_2$
政府补贴	-0.023 *** (0.005)	-0.019 *** (0.005)		
税收优惠			-0.007 *** (0.002)	-0.006 *** (0.002)
企业年龄		0.011 *** (0.006)		0.010 (0.006)
企业规模		-0.030 *** (0.002)		-0.029 *** (0.002)
TFP		-0.013 *** (0.002)		-0.012 *** (0.002)
资本密集度		-0.011 *** (0.003)		-0.009 *** (0.003)
企业杠杆率		0.014 *** (0.006)		0.012 * (0.006)
企业所有权		0.015 *** (0.004)		0.016 *** (0.004)
企业出口		-0.027 *** (0.004)		-0.032 *** (0.004)
企业创新		0.002 (0.004)		0.001 (0.004)
HHI4		0.005 (0.007)		0.007 (0.007)
行业资本密集度		-0.000 (0.003)		0.002 (0.002)

变量	(1)	(2)	(3)	(4)
	$lnSO_2$	$lnSO_2$	$lnSO_2$	$lnSO_2$
人均GDP		−0.321*** (0.024)		−0.308*** (0.025)
外商直接投资		−0.031*** (0.004)		−0.030*** (0.004)
环境规制		−0.009*** (0.002)		−0.011*** (0.003)
常数项	0.659*** (0.001)	4.386*** (0.221)	0.616*** (0.001)	4.184*** (0.228)
企业固定效应	YES	YES	YES	YES
时间固定效应	YES	YES	YES	YES
观测值	324,949	321,990	271,971	269,326
R^2	0.815	0.816	0.817	0.818

注：括号内为稳健标准误，＊＊＊、＊＊、＊分别表示估计系数在1%、5%和10%水平下显著，YES表示控制相应的固定效应，如无特别说明，下表同。

5.2.2 稳健性检验

5.2.2.1 控制不同固定效应

考虑到不同固定效应控制方式可能会对回归结果有影响，因此本章参考陈登科（2020），通过进一步控制各类固定效应探讨政府补贴和税收优惠对企业污染排放强度的影响。在控制企业和时间固定效应的基础上，第（1）列增加控制三位数行业固定效应，第（2）列增加控制三位数行业和地区固定效应，第（3）列增加控制行业和时间交互固定效应，第（4）列增加控制行业和时间二维固定效应、地区和时间二维固定效应，第（5）

列增加控制行业和时间趋势项固定效应，第（6）列增加控制行业和时间趋势项、地区和时间趋势交互项固定效应，分别考察政府补贴和税收优惠对二氧化硫污染排放强度的影响，控制变量与基准回归相同。回归结果显示，在控制不同固定效应后政府补贴和税收优惠回归系数均为负，并且在1%水平下通过显著性检验，表明基准回归结果不受固定效应控制方式的影响，政策扶持政策有利于分担企业排污成本，对企业减排具有激励效应，有利于提升企业环境绩效。

表5.3 控制不同固定效应的稳健性检验

变量	（1）$\ln SO_2$	（2）$\ln SO_2$	（3）$\ln SO_2$	（4）$\ln SO_2$	（5）$\ln SO_2$	（6）$\ln SO_2$
政府补贴	−0.021*** (0.005)	−0.021*** (0.005)	−0.010*** (0.004)	−0.007** (0.004)	−0.008** (0.004)	−0.007** (0.004)
常数项	4.271*** (0.219)	4.298*** (0.220)	4.124*** (0.224)	0.925*** (0.032)	4.232*** (0.222)	3.457*** (0.277)
观测值	321,988	321,988	321,985	321,985	321,986	321,986
R^2	0.816	0.816	0.817	0.819	0.817	0.818
税收优惠	−0.007*** (0.002)	−0.007*** (0.002)	−0.005*** (0.002)	−0.006*** (0.002)	−0.006*** (0.002)	−0.007*** (0.002)
常数项	4.137*** (0.228)	4.162*** (0.229)	4.082*** (0.230)	0.870*** (0.034)	4.104*** (0.229)	3.269*** (0.297)
观测值	269,324	269,324	269,322	269,322	269,322	269,322
R^2	0.819	0.819	0.820	0.822	0.819	0.820
控制变量 企业固定效应	YES YES	YES YES	YES YES	YES YES	YES YES	YES YES
时间固定效应	YES	YES	YES	YES	YES	YES

变量	(1)	(2)	(3)	(4)	(5)	(6)
	$lnSO_2$	$lnSO_2$	$lnSO_2$	$lnSO_2$	$lnSO_2$	$lnSO_2$
行业固定效应	YES	YES				
地区固定效应		YES				
行业*时间			YES	YES		
地区*时间				YES		
行业*时间趋势					YES	YES
省份*时间趋势						YES

注：括号内为稳健标准误，＊＊＊、＊＊、＊分别表示估计系数在1%、5%和10%水平下显著，YES表示控制相应的企业、行业和地区层面的控制变量以及相应的固定效应。

5.2.2.2 改变聚类方式

设定计量模型考察解释变量和被解释变量之间的因果关系，标准误层级会影响系数的显著性和置信区间。考虑到随机误差项的误差结构差异性，即假设聚类内部企业之间是相互关联的，而不同组别聚类的个体之间是无关的，因此不同标准误聚类层级对假设检验结果的影响亦不相同。参考陈登科（2020）和邵朝对（2021）的做法，本章依次调整标准误聚类到三位数行业、三位数行业和年份、二位数行业、二位数行业和年份等，每个企业在不同时期的观测值构成一个"聚类"（cluster），依次对（5.1）式进行回归检验。表5.4第（1）~（4）列汇报了不同聚类层级的回归结果，政府补贴、税收优惠两种产业政策回归系数与基准回归系数符号保持一致，而且系数大小相当，政府补贴变量回归系数为-0.019，且通过1%水平的显著性检验，税收优惠回归系数为-0.006且在10%水平上通过显著性检验，与基准结果一致。综上，基准回归结果不受聚类方式的影响，结果依然稳健，产业政策实施改善了企业环境绩效。

表 5.4 不同聚类方式稳健性检验

变量	（1） $lnSO_2$	（2） $lnSO_2$	（3） $lnSO_2$	（4） $lnSO_2$
政府补贴	−0.019*** （0.006）	−0.019*** （0.005）	−0.019*** （0.005）	−0.019*** （0.005）
常数项	4.386*** （0.567）	4.386*** （0.310）	4.386*** （0.509）	4.386*** （0.701）
观测值	321，980	321，980	321，980	321，980
R^2	0.816	0.816	0.816	0.816
税收优惠	−0.006** （0.003）	−0.006*** （0.002）	−0.006*** （0.002）	−0.006* （0.003）
常数项	4.184*** （0.567）	4.184*** （0.314）	4.184*** （0.503）	4.184*** （0.722）
观测值	269，326	269，326	269，326	269，326
R^2	0.818	0.818	0.818	0.818
控制变量 企业固定效应	YES YES	YES YES	YES YES	YES YES
时间固定效应	YES	YES	YES	YES
聚类到三位数行业	YES			
聚类到三位数行业 * 年份		YES		
聚类到二位数行业			YES	
聚类到二位数行业 * 年份				YES

5.2.2.3　更换被解释变量：企业其他污染物排放指标选择

二氧化硫是中国大气的主要污染物之一，企业在生产过程中还会产生其他污染物。为了更充分地检验产业政策对微观企业的影响，根据数据的可得性，本章将中国企业污染数据库提供的工业废气（lngas）、工业废水（lnwater）、工业粉尘（lndust）、工业烟尘（lnsmoke）、烟（粉）尘排放（lnds）和化学需氧量（lncod）等污染排放量计算企业污染排放强度，计算公式：企业污染排放强度=各类污染排放量/企业工业总产出。表5.5汇报了政府补贴和税收优惠对六类不同污染排放物的回归结果，政府补贴对工业废气污染排放强度的回归系数为-0.003，在10%水平上通过显著性检验。对工业废水污染排放强度系数为-0.008，在1%显著性水平上显著；对工业粉尘排放强度回归系数为-0.084，在1%显著性水平上显著；对工业烟尘排放强度回归系数为-0.012，在1%显著性水平上显著；对工业烟（粉）尘排放强度回归系数为-0.081，在1%水平上通过显著性检验；政府补贴对化学需氧量的回归系数为-0.002，但未通过显著性检验。税收优惠对工业废气污染排放强度的回归系数为-0.002，在1%水平上通过显著性检验；对工业废水污染排放强度回归系数为-0.002，但未通过显著性检验，可能原因在于工业废水治理难度要高于气体类，而且废气类污染排放物更容易引起政府和民众关注，同时也是地方政府严格控制的减排目标，因此治理污水排放方面，企业主动性不强；对工业粉尘排放强度回归系数为-0.003，在1%显著性水平上显著；对工业烟尘排放强度回归系数为-0.001但未通过显著性检验；对工业烟（粉）尘排放强度回归系数为-0.004，在1%水平上通过显著性检验；税收优惠对化学需氧量的回归系数为-0.005，且在1%显著性水平上显著。综上，产业政策实施对其他六类污染排放物污染强度的估计系数符号与前文对二氧化硫污染排放强度的系数符号一致，且绝大部分通过了显著性检验，因此产业政策实施有助于提高中国工业企业的环境绩效。

表 5.5 其他污染排放物稳健性检验

变量	(1) lngas	(2) lnwater	(3) lndust	(4) lnsmoke	(5) lnds	(6) lncod
政府补贴	-0.003* (0.002)	-0.008*** (0.004)	-0.084*** (0.004)	-0.012*** (0.003)	-0.081*** (0.004)	-0.002 (0.003)
常数项	0.772*** (0.077)	0.892*** (0.180)	-0.171 (0.184)	3.544*** (0.160)	3.323*** (0.219)	0.488*** (0.192)
观测值	321,990	321,979	284,481	321,990	284,481	321,945
R^2	0.785	0.834	0.852	0.740	0.841	0.792
税收优惠	-0.002***	-0.002	-0.003***	-0.001	-0.004***	-0.005***
	(0.001)	(0.002)	(0.002)	(0.001)	(0.002)	(0.001)
常数项	0.629***	1.261***	0.192	3.236***	3.527***	1.341***
	(0.103)	(0.278)	(0.263)	(0.233)	(0.323)	(0.216)
观测值	269,326	269,334	235,806	269,326	235,806	269,334
R^2	0.785	0.839	0.855	0.748	0.842	0.784
控制变量 企业固定效应	YES YES	YES YES	YES YES	YES YES	YES YES	YES YES
时间固定效应	YES	YES	YES	YES	YES	YES

5.2.2.4 更换解释变量

前文的核心解释变量是基于三位数行业与地区层面计算的政府补贴和税收优惠变量。考虑到核心解释变量构建方式不同对回归结果的影响，本章根据中国工业数据库在二位数行业—地区层面计算产业政策变量，计算过程同上文，为了保证政策相对于企业个体的外生性，行业层面的产业政策变量将减去企业自身的产业政策扶持。根据（5.1）式，此处选择二氧化硫和工业废气作为被解释变量，表5.6第（1）列、第（3）列的被解释变量为二氧化硫排放强度，第（2）列和第（4）列的被解释变量为工业废气排放强度。政府补贴对二氧化硫污染排放强度的回归系数为−0.012且在1%显著性水平上显著，政府补贴对工业废气排放强度的回归系数为−0.003且在5%显著性水平上显著，因此政府补贴能够降低二氧化硫和工业废气的污染排放强度；第（3）列、第（4）列税收优惠对企业污染排放强度回归检验，税收优惠对二氧化硫排放强度回归系数为−0.003，在1%水平上通过显著性检验，税收优惠对工业废气排放强度系数为−0.002，并且在1%水平上通过显著性检验。从平均意义上来讲，两种类型产业政策都能够降低企业污染排放强度。

表5.6 二位数行业—地区层面产业政策变量的检验结果

变量	（1）	（2）	（3）	（4）
	$\ln SO_2$	lngas	$\ln SO_2$	lngas
政府补贴	−0.012*** (0.003)	−0.003** (0.001)		
税收优惠			−0.003*** (0.001)	−0.002*** (0.001)
常数项	4.379*** (0.221)	0.770*** (0.104)	0.608*** (0.001)	0.574*** (0.107)
控制变量	YES	YES	YES	YES
企业固定效应	YES	YES	YES	YES
时间固定效应	YES	YES	YES	YES
观测值	321,990	321,990	256,677	254,216
R^2	0.816	0.785	0.820	0.788

5.2.2.5 其他稳健性检验

本章主要基于行业层面产业政策扶持力度这一相对外生的政策变化来构建产业政策变量，每个企业获得行业层面的产业政策剔除了企业自身的产业支持（政府补贴、税收减免），通常而言单个企业较难影响和改变地方对整个行业的产业政策，因此本章受逆向因果导致的内生性问题相对较小，但仍难完全排除产业政策与企业污染排放行为可能受到一些非观测因素和遗漏变量影响而产生的内生性问题。考虑到企业从业人员对企业生产效率影响进而会影响到企业排污行为，因此用企业从业人员衡量企业生产规模，企业经营年限对企业生产行为的影响可能是非线性的，因此加入企业年龄的平方，企业负债影响企业生产经营抑制企业环保投资，因此在表5.7第（1）列、第（2）列同时加入企业年龄平方、企业工人规模、企业偿债能力等控制变量，回归结果发现政府补贴回归系数为-0.017，且在1%显著性水平上显著，税收优惠回归系数为-0.004，且在5%水平上通过显著性检验，因此增加控制变量后，产业政策变量的符号与基准回归保持一致，验证基准回归结果稳健。

表 5.7 增加控制变量和变换样本时间的检验结果

变量	（1）	（2）	（3）	（4）
	$\ln SO_2$	$\ln SO_2$	$\ln SO_2$	$\ln SO_2$
政府补贴	-0.017*** (0.005)	-0.011* (0.006)		
税收优惠		-0.004** (0.002)		-0.004** (0.002)
常数项	4.735*** (0.232)	4.521*** (0.239)	3.153*** (0.252)	2.450*** (0.277)
控制变量	YES	YES	YES	YES

变量	（1）	（2）	（3）	（4）
	lnSO$_2$	lnSO$_2$	lnSO$_2$	lnSO$_2$
企业固定效应	YES	YES	YES	YES
时间固定效应	YES	YES	YES	YES
观测值	321，501	268，886	155，155	120，396
R^2	0.816	0.819	0.864	0.869

考虑到中央政策变化会对政府补贴和税收优惠的扶持方向产生影响，尤其是以环境五年规划为代表的政策规划体现了中央政府对环境保护的决心和力度，因此排除"十一五"环境规划的影响，保留2001—2005年第十个五年规划期间的样本检验政府补贴和税收优惠对企业污染排放强度的影响，汇报结果报告表5.7。第（2）列和第（4）列政府补贴对企业二氧化硫污染排放强度的回归系数为-0.011并在10%显著性水平上显著，税收优惠对二氧化硫污染排放强度的回归-0.004，在5%的显著性水平上显著。因此回归结果不受样本时间跨度影响。

5.2.3 内生性讨论

基准回归考察了地区行业层面政府补贴对企业污染排放强度的影响，在逻辑上并不存在明显的反向因果问题，即个别企业的污染排放强度并不会影响行业整体的政府补助，但仍难完全排除产业政策与企业污染排放行为可能受到样本选择偏误、非观测因素和遗漏变量影响而产生的内生性问题。政府实施产业政策具有一定选择性因此并非所有企业均可获得政府补贴或税收减免，产业政策和企业污染强度可能同时受到各省或各行业不可测因素的影响，即存在地区财政刺激，地区行业技术革新冲击等遗漏变量，如国家产业政策、地区财政刺激、地区行业技术革新冲击等；度量误差，使用微观企业数据，可能存在企业漏报瞒报等问题，可能存在一定的度量误差。这一小节采用 Heckman 两步法和工具变量分别对内生性问题进行讨论和检验。

5.2.3.1 Heckman 两步法

考虑到政府对企业政府补贴和减免税收并不是随机的，企业的市场竞争力、盈利能力和容纳就业人口影响政府对企业提供补贴或税收返回。如果直接使用最小二乘回归，可能会造成样本选择偏误。为了解决样本自选择引起的内生性问题，本章采用 Heckmam 两阶段分析模型进行检验，在第一阶段模型中，将根据企业是否获得政府补贴和税收优惠设定虚拟变量，运用 Probit 模型对企业获得政府补贴或税收优惠的概率进行估计，得到逆米尔斯比率 IMR（Inverse Mills Ratio）修正样本选择偏差的值，若逆米尔斯大于 0，则说明样本存在选择性偏差问题需要使用 Heckman 两步法进行修正；第二阶段，将第一阶段计算所得的逆米尔斯比率 IMR 作为控制变量，放入第二阶段回归模型予以考察。其中逆米尔斯的系数在 1% 显著性水平上显著，说明模型存在一定的样本自选择问题。从政府补贴和税收优惠的回归系数来看，符号与前文一致，因此在考虑样本选择偏差后，通过在第一阶段模型恰当的修正后，在第二阶段通过逆米尔斯比率 IMR 反映，原结论保持不变。

表 5.8 Heckman 两阶段检验结果

变量	（1）	（2）
	$lnSO_2$	$lnSO_2$
政府补贴	−0.019*** （0.003）	
IMR	−1.291*** （0.196）	
税收优惠		−0.006*** （0.001）

变量	(1)	(2)
	$\ln SO_2$	$\ln SO_2$
IMR		-1.063^{***} (0.210)
常数项	8.132^{***} (0.591)	7.271^{***} (0.635)
控制变量	YES	YES
企业固定效应	YES	YES
时间固定效应	YES	YES
观测值	321, 990	269, 326
R^2	0.816	0.818

5.2.3.2　工具变量法

考虑到产业政策变量无法回避的内生性问题，本节使用工具变量检验结论的稳健性。产生的内生性问题主要有三个方面：首先，遗漏重要的控制变量而带来的内生性问题，本章控制了企业层面的个体固定效应和时间固定效应，利用中国工业企业数据库关于企业基本信息、财务信息和生产销售状况控制了可能影响企业污染排放强度的变量，并且还控制了行业资本密集度和行业集中度、地区层面经济发展和环境规制等相关变量，在一定程度上可以有效缓解可能存在的内生性问题。然而受限于数据，本章的实证模型可能因导致遗漏无法观测的重要变量，产生内生性问题。其次，由于核心解释变量政府补贴、税收优惠与被解释变量企业污染排放强度之间存在一定的逆向因果关系，政府可能会更青睐于清洁行业的新兴行业和企业进行补贴扶持和税收减免，而企业对环保投资作为其绿色转型发展的基础及重要信号，更容易达到政府对企业"挑选赢家"的条件和门槛，因此这些企业更易获得政府的产业扶持，也就是越代表绿色战略新兴行业的企业，环保投入越大的企业，越容易享受政府补贴和税收优惠政策。最后，是测量误差，由于企业污染数据库中所收录的各种污染排放量是企业自行申报，企业有极力瞒报和谎报污染排放量的可能（陈登科，2020），该数据库仅能观测到其报告数据，而无法观测到真实数据，造成解释变量与扰动项相关。

Clausen（2009）和 Heutel（2014）在行业层面构建政府补贴均值作为单个企业获得政府补贴的工具变量。本章在基准回归时已经考虑到企业层面政府补贴对企业污染排放强度存在严重的内生性问题，因此选择行业层面政府补贴（剔除企业）作为核心解释变量。本章参考张杰（2020）的研究，根据省级、二位数行业、年份三个维度计算获得政府补贴的企业总数占所属行业企业总数的比重作为政府补贴的工具变量，反映地方政府财政支出的外生性政策变量，而个体企业的环境绩效很难影响地区层面政府补贴的决策行为，一定程度上缓解了企业个体获得政府补贴的逆向因果关系。本章使用产业政策反映了在地方政府实践过程中的具体产业政策工具，因此难以获取合适的外生工具变量，本章通过滞后一期的政府补贴、税收优惠作为工具变量，缓解被解释变量对解释变量的反向影响。第一阶段计量结果的 F 统计量大于 10 的临界值，回归结果报告见表 5.9，政府补贴与税收优惠的回归系数统计显著，符号与预期一致，这说明考虑内生性后，政府补贴和税收优惠对企业污染排放强度的降低作用结论稳健。

表 5.9　工具变量法回归检验

变量	（1）	（2）	（3）	（4）
	$\ln SO_2$ 企业数量比值	$\ln SO_2$ 滞后一期	$\ln SO_2$ 企业数量比值	$\ln SO_2$ 滞后一期
政府补贴	−0.043 * (0.023)	−0.063 *** (0.015)		

续表

变量	（1）	（2）	（3）	（4）
	$lnSO_2$ 企业数量比值	$lnSO_2$ 滞后一期	$lnSO_2$ 企业数量比值	$lnSO_2$ 滞后一期
税收优惠			-0.155*** (0.056)	-0.027** (0.012)
控制变量	YES	YES	YES	YES
企业固定效应	YES	YES	YES	YES
时间固定效应	YES	YES	YES	YES
观测值	321，990	218，882	269，326	156，449
R^2	0.005	0.003	-0.049	0.002

5.2.4　异质性检验

5.2.4.1　企业异质性

（1）企业所有制的异质性。中国转型期经济主要特征是多层次和不均衡并存，较低的生产力水平决定了多种所有制类型企业长期并存的格局，而不同类型企业的组织结构和经营结构差异明显，因此本章将考察产业政策的环境效应是否因所有制不同而存在政策影响的差异性。参考方明月等（2018）的研究，将国有企业、集体企业、股份合作企业、国有联营企业、集体联营企业、国有与集体联营企业、其他联营企业、国有独资企业认定为国有企业，将企业注册类型为其他有限责任公司、股份有限公司、私营独资企业、私营合伙企业、私营有限责任公司、私营股份有限公司和其他企业认定为私营企业，将企业注册类型为港澳台商合资经营企业、港澳台商合作经营企业、港澳台商独资企业、港澳台商投资股份有限公司、其他港澳台投资企业、外资投资企业、中外合资经营企业、中外合作经营企业、外资企业、外商投资股份有限公司、其他外商投资企业作为外资企业。由表 5.10 第二行第（1）列和第（2）列可知，政府补贴对外资企业污染排放强度回归系数为 0.005 但未通过显著性检验，因此政府补贴对外资企业污染排放强度没有显著影响；政府补贴对本土企业污染排放强度回归系数为 -0.023，且在 1% 显著性水平上显著。进一步将内资企业分为国有企业和私营企业两个样本，第（3）列和第（4）列回归结果显示，政府补贴对国有企业污染排放强度回归系数为 -0.014，在 5% 水平下通过显著性检验；政府补贴对私营企业污染排放强度回归系数为 -0.025，在 1% 水平上通过显著性检验，因此产业政策对私营企业的影响更大。表 5.10 中税收优惠对外资企业环境污染排放强度回归系数为 0.003，但没有通过显著性检验；税收优惠对本土企业污染排放强度回归系数为 -0.010，并且在 1% 显著性水平下显著。进一步将税收优惠对国有企业和私营企业分组回归，税收优惠在国有企业样本中的回归系数为 -0.001，但未通过显著性检验；税收优惠在私营企业样本中的回归系数为 -0.013，并且在 1% 显著性水平上显著。

政府补贴和税收优惠的环境绩效存在显著的所有制异质性，两项产业政策对外资企业的影响不大，主要影响对象是本土企业。第 3 章通过典型事实分析发现，相对于本土内资企业，外资企业排放强度更低，因此政府补贴和税收优惠对外资企业减排激励作用较小。政府补贴和税收优惠对国有和私营企业的影响也存在差异性，政府补贴能够有效降低国有和私营企业的污染排放强度，但是税收优惠对国有企业影响较小。可能的原因在于国有企业享受税收优惠覆盖面和优惠幅度远远大于私营企业，而国有企业与政府天然具有更紧密关联，因此减免税收对国有企业减排动力不足，而减免税收对于私营企业来说相当于降低生产成本，有利于私营企业更快适应市场需求，降低企业污染排放强度。邵朝对（2021）的研究也证实了相对于国有企业，外资进入对私营企业环境绩效的激励效应更大，私营企业表现出更积极的追赶效应，而国有企业由于长期受到政府保护，缺乏强烈的竞争意识。中国金融信贷市场仍存在所有制歧视问题，因此相对于国有企业而言，私营企业更难获得信贷扶持，私营企业面临严重的融资约束问题，而财税激励政策降低了企业绿色生产和创新的门槛。

表 5.10 企业所有制异质性检验

变量	（1）$lnSO_2$ 外资	（2）$lnSO_2$ 本土	（3）$lnSO_2$ 国有	（4）$lnSO_2$ 私营
政府补贴	0.005 (0.007)	−0.023*** (0.005)	−0.014** (0.009)	−0.025*** (0.007)
常数项	2.905*** (0.294)	4.279*** (0.276)	3.578*** (0.442)	5.136*** (0.392)
观测值	63,032	257,194	107,377	144,016
R^2	0.853	0.807	0.829	0.808
税收优惠	0.003 (0.002)	−0.010*** (0.002)	−0.001 (0.003)	−0.013*** (0.002)
常数项	2.917*** (0.287)	4.028*** (0.291)	3.433*** (0.476)	4.749*** (0.404)
观测值	54,385	213,238	90,984	116,552
R^2	0.847	0.810	0.831	0.810
控制变量	YES	YES	YES	YES
企业固定效应	YES	YES	YES	YES
时间固定效应	YES	YES	YES	YES

（2）企业规模的异质性。根据国家统计局所公布的大中小微型企业划分办法，《统计上大中小型企业划分办法（暂行）》（国统字〔2003〕17号），将企业划分为大型企业和中小型企业，研究产业政策对企业污染排放强度是否存在规模异质性，回归结果汇报见表 5.11，政府补贴在大型企

业样本中的回归系数为 0.007，但未通过显著性检验，在中小型企业样本中的回归系数为-0.024，在 1%显著性水平上显著；税收优惠在大型企业样本中的回归系数为 0.006，但未通过显著性检验，在中小型企业样本中的回归系数为-0.007，且在 1%水平上通过显著性检验。因此产业政策对大型企业污染排放强度影响甚微，但是更有利于降低中小型企业的污染排放强度，可能的原因在于大型企业拥有强大的市场垄断能力，减排压力较小，因此减排意愿更低；另外，环保监管实施属地管理听令于当地政府，大型企业是地方经济发展的纳税大户，环保部门难以履行有效的监管和约束的职责。

表 5.11　企业规模异质性检验

变量	（1）	（2）	（3）	（4）
	$\ln SO_2$ 大型	$\ln SO_2$ 中小型	$\ln SO_2$ 大型	$\ln SO_2$ 中小型
政府补贴	0.007 (0.010)	-0.024*** (0.005)		
税收优惠			0.006 (0.004)	-0.007*** (0.002)
常数项	5.029*** (0.787)	4.302*** (0.242)	4.980*** (0.814)	4.052*** (0.248)
控制变量	YES	YES	YES	YES
企业固定效应	YES	YES	YES	YES
时间固定效应	YES	YES	YES	YES
观测值	26, 024	293, 393	21, 910	244, 714
R^2	0.887	0.815	0.884	0.817

（3）企业出口行为的异质性。Melitz 异质性企业理论模型研究影响企

业出口的诸多因素，其中生产率差异是出口企业与非出口企业之间的主要因素。本章根据企业出口交货值是否为0，将企业划分为出口企业和非出口企业，研究产业政策对出口和非出口企业在减排效应上是否存在差异。回归结果汇报见表5.12，政府补贴在出口企业样本中的回归系数为0.004，但未通过显著性检验，政府补贴在非出口企业样本中的回归系数为−0.024，在1%水平上通过显著性检验；税收优惠在出口企业样本中的回归系数为0，在非出口企业样本中的回归系数为−0.009，且通过1%显著性水平，因此政府补贴和税收优惠都降低了非出口企业污染排放强度，而对于出口企业没有影响。这一结论与苏丹妮和盛斌（2021a）的研究结论一致，产业集聚对于非出口企业的污染排放强度的降低作用更大。可能的原因在于：一方面，出口企业对接国际市场环保要求更高，为了符合国际环保标准激励出口企业主动进行污染处理技术升级；另一方面，出口企业更直接嵌入全球价值链分工，与国际生产体系联系更为紧密，因此更容易获益于国际先进污染处理技术溢出效应。

表5.12 企业出口行为异质性检验

变量	(1) $\ln SO_2$ 出口	(2) $\ln SO_2$ 非出口	(3) $\ln SO_2$ 出口	(4) $\ln SO_2$ 非出口
政府补贴	0.004 (0.005)	−0.024*** (0.006)		
税收优惠			0.000 (0.002)	−0.009*** (0.002)
常数项	3.111*** (0.257)	4.544*** (0.302)	3.068*** (0.262)	4.246*** (0.321)
控制变量	YES	YES	YES	YES
企业固定效应	YES	YES	YES	YES

续表

变量	（1）	（2）	（3）	（4）
	lnSO$_2$ 出口	lnSO$_2$ 非出口	lnSO$_2$ 出口	lnSO$_2$ 非出口
时间固定效应	YES	YES	YES	YES
观测值	88，165	225，704	77，659	183，805
R^2	0.808	0.811	0.809	0.815

（4）企业融资能力的异质性。融资能力代表了企业获得资金的难易程度，直接影响企业面临的融资约束状态，这也使得不同融资能力的企业在产业政策扶持下呈现出不同的减排效应。参考苏丹妮和盛斌（2021a）的研究，本章用企业利息支出与固定资产比值表示企业融资能力，按照企业融资能力均值将企业划分为较强融资能力和较弱融资能力两类企业。回归结果汇报见表5.13，政府补贴在融资能力较强的样本中回归系数为－0.009，但未通过显著性检验，在融资能力较弱的样本中，政府补贴回归系数为－0.020，在10%水平上通过显著性检验，因此政府补贴对融资能力较弱的企业污染排放强度的负向作用更显著；税收优惠在融资能力较强的样本中回归系数为－0.006，但未通过显著性检验，在融资能力较弱的样本中回归系数为－0.005，且在5%水平上通过显著性检验。因此从产业政策工具来看，政府补贴和税收优惠对融资能力较弱的企业具有相对更强的减排效应，可能的原因在于，融资能力较弱的企业更难获得用于节能减排的外部资金支持，而政府补贴和税收优惠在一定程度上降低了企业购买清洁设备的成本，使得融资能力较弱的企业有更多的资金用于减排。

表 5.13　企业融资能力异质性检验

变量	(1) lnSO$_2$ 强	(2) lnSO$_2$ 弱	(3) lnSO$_2$ 强	(4) lnSO$_2$ 弱
政府补贴	-0.009 (0.011)	-0.020* (0.005)		
税收优惠			-0.006 (0.004)	-0.005** (0.002)
常数项	2.223*** (0.625)	4.630*** (0.243)	2.363*** (0.650)	4.428*** (0.254)
控制变量	YES	YES	YES	YES
企业固定效应	YES	YES	YES	YES
时间固定效应	YES	YES	YES	YES
观测值	45,948	259,915	38,672	215,445
R^2	0.835	0.823	0.834	0.826

（5）企业创新能力的异质性。企业创新促进了绿色技术研发，这也使得创新能力不同的企业在产业政策扶持下呈现出不同的减排效应。参考吕越和张昊天（2021）的研究，本章根据企业新产品产值占工业总产值均值将企业划分为创新能力高和创新能力低两类企业。回归结果汇报见表5.14，政府补贴在创新能力高的样本中回归系数为-0.019，且在1%水平上通过显著性检验，在创新能力低的样本中政府补贴回归系数为-0.095，没有通过显著性水平检验，因此政府补贴对创新能力高的企业污染密集度负向作用更显著；税收优惠在创新能力高的样本中回归系数为-0.006，企业减少污染排放作用明显，在创新能力低的样本中回归系数为0.015，未通过显著性检验。因此从产业政策工具来看，政府补贴和税收优惠对创新

能力高的企业具有相对更强的减排效应，可能的原因在于，创新能力高的企业通过技术进步促进企业生产效率提升，从而使得创新能力高的企业减排效果更显著。

表 5.14 企业创新能力异质性检验

变量	(1) $lnSO_2$ 高	(2) $lnSO_2$ 低	(3) $lnSO_2$ 高	(4) $lnSO_2$ 低
政府补贴	−0.019*** (0.005)	0.095 (0.059)		
税收优惠			−0.006*** (0.002)	0.015 (0.027)
常数项	4.396*** (0.222)	10.116** (4.410)	4.187*** (0.230)	8.086 (5.581)
控制变量	YES	YES	YES	YES
企业固定效应	YES	YES	YES	YES
时间固定效应	YES	YES	YES	YES
观测值	320,389	616	267,986	414
R^2	0.816	0.881	0.818	0.892

5.2.4.2 行业异质性检验

（1）资本密集度异质性。参考苏丹妮和盛斌（2021c）对行业划分的方法，本章以行业资本密集度均值考察产业政策的异质性，表 5.15 汇报了产业政策对资本密集度不同的企业污染排放强度的影响。政府补贴在高资本密集度行业的回归系数为−0.022，在 1%水平上通过显著性检验，在低资本密集度行业的回归系数为−0.012，在 10%水平上通过显著性检验，因此政府补贴更有利于高资本密集度行业减排；税收优惠在高资本密集度行业的回归系数为 -0.008，在 1% 显著性水平上显著，在低资本密集度行业样本中回归系数为 -0.000，且不显著，因此税收优惠更有利于高资本密集度行业减排。

表 5.15　行业资本密集度异质性检验

变量	（1）	（2）	（3）	（4）
	高	低	高	低
政府补贴	-0.022*** (0.004)	-0.012* (0.007)		
税收优惠			-0.008*** (0.002)	-0.000 (0.003)
常数项	4.538*** (0.254)	3.692*** (0.244)	4.172*** (0.280)	3.645*** (0.261)
控制变量	YES	YES	YES	YES
企业固定效应	YES	YES	YES	YES
时间固定效应	YES	YES	YES	YES
观测值	136,170	169,219	101,935	151,561
R^2	0.853	0.816	0.858	0.820

（2）污染密集度异质性。参考苏丹妮和盛斌（2021c）以行业二氧化硫排放强度均值来区分污染行业密集度进行异质性分析，表 5.16 汇报了产业政策对不同污染程度企业排放强度的影响。政府补贴在高污染密集度行业的回归系数为 -0.009，没有通过显著性检验，在低污染密集度行业的回归系数为 -0.008，在 5% 水平上通过显著性检验；税收优惠在高污染密集度行业的回归系数为 -0.007，没有通过显著性检验，在低污染密集度行业的回归系数为 -0.003，在 5% 显著性水平上显著。因此政府补贴和税收优

惠更有利于低污染密集度行业减排。

表 5.16 污染密集度异质性检验

变量	(1) $\ln SO_2$ 高	(2) $\ln SO_2$ 低	(3) $\ln SO_2$ 高	(4) $\ln SO_2$ 低
政府补贴	-0.009 (0.008)	-0.008** (0.003)		
税收优惠			-0.007 (0.004)	-0.003** (0.001)
常数项	7.216*** (0.508)	3.313*** (0.152)	7.511*** (0.599)	3.026*** (0.164)
控制变量	YES	YES	YES	YES
企业固定效应	YES	YES	YES	YES
时间固定效应	YES	YES	YES	YES
观测值	80,425	230,281	61,283	198,092
R^2	0.798	0.779	0.807	0.786

5.2.4.3 区域异质性检验

根据中国行政区划，将北京市、天津市、河北省、山东省、上海市、江苏省、浙江省、福建省、广东省和海南省作为东部省份，回归结果见表5.17，可知政府补贴对企业环境污染的影响存在显著的区域异质性，政府补贴能够有效降低东部地区企业污染排放强度，而中西部地区的政府补贴则作用不显著；税收优惠对东部地区而言，企业具有更强的动力减排，企业的减排效应更明显，可能的原因在于，中西部地区面临更大的发展压力，政府倾向于使用政府补贴进行招商引资，承接东部地区转移重污染行业。

表 5.17　区域异质性检验

变量	（1）	（2）	（3）	（4）
	$\ln SO_2$ 东部	$\ln SO_2$ 中西部	$\ln SO_2$ 东部	$\ln SO_2$ 中西部
政府补贴	-0.034^{***} （0.005）	0.009 （0.008）		
税收优惠			-0.008^{***} （0.002）	-0.006^{*} （0.003）
常数项	5.313^{***} （0.235）	3.210^{***} （0.356）	5.082^{***} （0.246）	3.100^{***} （0.375）
控制变量	YES	YES	YES	YES
企业固定效应	YES	YES	YES	YES
时间固定效应	YES	YES	YES	YES
观测值	172，296	149，692	146，605	122，719
R^2	0.820	0.804	0.817	0.807

5.3　影响机制分析

　　前文的基准回归初步验证了产业政策实施对企业污染排放强度具有显著的负向作用，政府补贴和税收优惠有助于企业环境绩效提升。根据第 4 章理论作用机制分析，产业政策可能通过企业规模效应、创新效应和结构效应三条路径来影响企业减排强度，一是实施产业政策扩大了企业的生产规模，政府补贴和税收优惠降低了企业的生产成本，企业加大投资、扩大生产规模；二是政府补贴和税收优惠促进了企业加大技术创新、研发投入，从而提高了企业生产效率，加大了绿色技术创新；三是产业政策实施推动了产业结构调整和升级，结构调整不仅使企业内部资源要素优化配置，而且促进了产业之间要素调整方向和调整速度，最终通过产业结构升级降低了企业污染排放强度。本章采用逐步回归法，借鉴吕越和张昊天（2021）的研究建立中介效应模型，检验产业政策工具对企业污染排放强度的传导渠道，检验模型设定如下：

$$Pollution_{ijpt} = \alpha_1 + \beta_1 policy_{jpt} + \gamma_1 \vec{X} + \xi_i + \delta_t + \mu_{ijpt} \qquad (5.2)$$

$$M_{it} = \alpha_2 + \beta_2 policy_{jpt} + \gamma_2 \vec{X} + \xi_i + \delta_t + \mu_{ijpt} \qquad (5.3)$$

$$Pollution_{ijpt} = \alpha_3 + \beta_3 policy_{jpt} + \theta M_{it} + \gamma_3 \vec{X} + \xi_i + \delta_t + \mu_{ijpt} \qquad (5.4)$$

第一步是用式（5.2）检验产业政策对企业污染绩效的总效用，第二步是检验产业政策对中介变量的效应，第三步是控制产业政策的影响后，检验中介变量对于企业污染绩效的影响。检验方程（5.2）系数（检验 H0：$\beta_1 = 0$）；依次检验方程（5.3）（5.4）的系数（检验 H0：$\beta_2 = 0$；H0：$\beta_3 = 0$）。根据式（5.3）和（5.4）中解释变量大小及显著性水平确定中介效应的存在类型，若 $\beta_3 < \beta_1$，则存在部分中介，产业政策对企业环境绩效的促进作用被中介变量吸收，若 β_3 不显著，则存在完全中介效应，即产业政策完全通过中介变量影响企业污染排放强度。

5.3.1　规模效应机制检验

产业政策扶持通过扩大企业生成规模，从而影响污染排放强度。参考吕越和张昊天（2021）的研究，本章以企业工业生产总值对数作为企业生产规模的代理变量，进行机制检验。表 5.18 中第（1）列、第（4）列分别是政府补贴、税收优惠对企业二氧化硫污染排放强度的回归系数，政府补贴和税收优惠显著降低了企业污染排放强度。第（2）列和第（5）列是政府补贴和税收优惠对中介变量产出规模的回归系数，政府补贴对产出规模的回归系数为 0.028，且在 1% 显著性水平上显著，税收优惠对产出规模的回归系数为 0.033，且在 1% 显著性水平上显著，因此产业政策促进了企业规模扩大。第（3）列、第（6）列是将核心解释变量产业政策和中介变量工业总产值同时放入回归结果。回归结果发现，第（3）列中介变量产出规模回归系数为-0.242，且在1%显著性水平上显著，而政府补贴回归系数为-0.014，在1%显著性水平上显著，且政府补贴在式（5.4）中的回归系数小于在式（5.2）中的回归系数，因此存在部分中介，政府补贴对污染强度的总效应为0.019，效果显著，政府补贴通过规模效应影响污染排放强度的中介效应占比为35.7%。第（6）列中介变量产出规模回归系数为-0.235，且在1%显著性水平上显著，因此存在完全中介，税收优惠对企业污染强度的负向作用被产出变量完全吸收。

表5.18　规模效应机制检验

变量	（1）	（2）	（3）	（4）	（5）	（6）
	$\ln SO_2$	产出规模	$\ln SO_2$	$\ln SO_2$	产出规模	$\ln SO_2$
产出规模			-0.242*** (0.005)			-0.235*** (0.005)
政府补贴	-0.019*** (0.005)	0.028*** (0.005)	-0.014*** (0.004)			
税收优惠				-0.006*** (0.002)	0.033*** (0.002)	0.001 (0.002)
常数项	4.386*** (0.221)	4.018*** (0.316)	5.392*** (0.216)	4.184*** (0.228)	4.844*** (0.334)	5.359*** (0.224)
控制变量	YES	YES	YES	YES	YES	YES
企业固定效应	YES	YES	YES	YES	YES	YES
时间固定效应	YES	YES	YES	YES	YES	YES
观测值	321,990	323,122	321,990	269,326	270,338	269,326
R^2	0.816	0.905	0.827	0.818	0.908	0.829

　　根据企业污染排放强度计算公式，污染强度等于企业污染排放量除以工业总产出，因此二氧化硫污染排放强度降低，可能是二氧化硫排放减少引起，可能是产量变化引起，也有可能是产出和排放量同时变化的结果，前述实证分析结果显示，产业政策通过企业规模效应影响了企业污染排放强度，那么产业政策是否导致了二氧化硫等污染排放物的增加呢？为对该假设进行检验，本章以二氧化硫排放量、产生量和去除量取对数作为被解释变量对产业政策进行回归，结果在表 5.19 中汇报，政府补贴和税收优惠对二氧化硫的排放量和产生量影响都没有通过显著性检验，因此产业政策是通过增加工业总产出而非降低企业二氧化硫排放量的方式降低中国企业二氧化硫排放强度。在表格第（3）列和第（6）列中政府补贴和税收优惠对二氧化硫污染去除量的回归系数均在 1% 显著性水平上显著，政府补贴和税收优惠降低了企业污染排放的去除量，因此产业政策作用渠道更集中于末端处理。

表 5.19　产业政策对污染排放量检验

变量	（1）	（2）	（3）	（4）	（5）	（6）
	排放量	产生量	去除量	排放量	产生量	去除量
政府补贴	0.040 (0.069)	0.046 (0.073)	0.165*** (0.028)			
税收优惠				−0.008 (0.009)	−0.006 (0.009)	0.047*** (0.011)
常数项	10.517*** (3.064)	10.465*** (3.189)	−4.500*** (1.407)	11.954*** (1.204)	11.829*** (1.213)	−5.200*** (1.516)
控制变量	YES	YES	YES	YES	YES	YES
企业固定效应	YES	YES	YES	YES	YES	YES
时间固定效应	YES	YES	YES	YES	YES	YES
观测值	322, 667	322, 667	322, 667	269, 916	269, 916	269, 916

续表

变量	(1)	(2)	(3)	(4)	(5)	(6)
	排放量	产生量	去除量	排放量	产生量	去除量
R^2	0.843	0.846	0.672	0.847	0.851	0.682

5.3.2 创新效应机制检验

产业扶持政策缓解企业研发投入的资金约束,影响了企业产品产出和创新,从而改进生产方式,降低了企业污染排放。参考吕越和张昊天(2021)的研究,选取企业新产品产值占当年工业增加值的比重作为创新产出代理变量。首先根据逐步回归法,政府补贴、税收优惠对中介变量企业创新进行回归,表 5.20 第(1)列、第(3)列回归结果显示,政府补贴回归系数为 0.056,在 1% 显著性水平上显著,税收优惠回归系数为 0.019,在 10% 显著性水平上显著,因此政府补贴和税收优惠对创新具有正向作用;将产业政策变量与中介变量创新同时放入回归方程,第(2)列政府补贴回归系数为 -0.013,在 1% 显著性水平上显著,创新的回归系数为 -0.001,在 1% 水平上通过显著性检验,政府补贴回归系数小于式(5.2)回归系数,因此存在部分中介;第(4)列税收优惠回归系数为 -0.005,在 1% 显著性水平上显著,创新的回归系数为 -0.007,在 1% 水平上通过显著性检验,税收优惠回归系数小于式(5.2)回归系数,因此存在部分中介。

表 5.20 创新效应机制检验

变量	(1)	(2)	(3)	(4)
	创新	$lnSO_2$	创新	$lnSO_2$
创新		-0.001*** (0.000)		-0.007*** (0.000)

变量	(1)	(2)	(3)	(4)
	创新	lnSO$_2$	创新	lnSO$_2$
政府补贴	0.056*** (0.021)	−0.013*** (0.005)		
税收优惠			0.019* (0.010)	−0.005*** (0.002)
常数项	−1.301 (1.246)	0.897*** (0.034)	1.409*** (0.004)	4.752*** (0.273)
控制变量	YES	YES	YES	YES
企业固定效应	YES	YES	YES	YES
时间固定效应	YES	YES	YES	YES
观测值	285, 102	284, 447	239, 025	235, 806
R^2	0.758	0.823	0.762	0.822

5.3.3　结构效应机制检验

产业政策对企业内、企业之间、行业之间的资源配置产生影响，本章通过企业内资源配置变量和产业结构调整速度作为中介变量检验产业政策对企业污染排放的路径机制。参考黄亮雄等（2013）构造产业结构调整指数表示产业结构调整程度：

$$Index_{pt} = 0.5 \times \sum_{j=1}^{J} |share_{jpt} - share_{jpt-1}| \qquad (5.5)$$

其中，p、j 和 t 分别表示省份、三位数行业和年份，J 为三位数行业总数。式（5.5）度量三位数各行业 t 年相对于 $t-1$ 年份额的总变化。$share_{jpt}$ 表示 t 年 p 省行业 j 占全国工业总额的比重。该指数度量了期末三位数行业相对于期初行业份额的累计变化量，即度量 t 年相对于 $t-1$ 年产业结构调整幅度，该值越大，反映了该地区工业内部结构调整越快。

表 5.21 第（1）列政府补贴对企业资源配置效率的回归系数为 0.026，在 1% 显著性水平上显著，第（3）列政府补贴对产业结构调整幅度回归系数为 0.006，在 10% 显著性水平上显著，第（2）列中介变量资源配置效率对企业二氧化硫污染排放强度的回归系数为 -0.251，在 1% 显著性水平上显著，政府补贴对企业二氧化硫污染排放强度的回归系数为 -0.015，在 1% 水平上通过显著性检验，且系数小于式（5.2）回归系数，政府补贴对污染强度的总效应为 0.015，通过显著性检验，企业内资源配置效应影响污染排放强度的中介效应在总效用占比为 35.1%；第（4）列中介变量产业结构调整速度对污染排放强度的回归系数为 -0.016，在 1% 显著性水平上显著，对企业二氧化硫污染排放强度的回归系数为 -0.015，在 1% 水平上通过显著性检验，且系数小于式（5.2）回归系数，因此政府补贴部分中介效应。第（5）列税收优惠对企业资源配置效率的回归系数为 0.031，在 1% 显著性水平上显著，第（7）列税收优惠对产业结构调整幅度回归系数为 0.035，在 1% 显著性水平上显著，第（6）列中介变量资源配置效率对污染排放强度的回归系数为 -0.243，在 1% 显著性水平上显著，税收优惠对企业二氧化硫污染排放强度的回归系数为 0.001，没有通过显著性检验，第（8）列中介变量产业结构调整速度对污染排放强度的回归系数为 -0.006，税收优惠对企业二氧化硫污染排放强度的回归系数为 -0.006，税收优惠存在完全中介效应。

表5.21 结构效应机制检验

变量	(1) 资源配置效率	(2) lnSO₂	(3) 结构调整幅度	(4) lnSO₂	(5) 资源配置效率	(6) lnSO₂	(7) 结构调整幅度	(8) lnSO₂
资源配置效率		-0.251^{***} (0.005)				-0.243^{***} (0.005)		
产业结构调整速度				-0.016^{***} (0.003)				-0.006^{*} (0.004)
政府补贴	0.026^{***} (0.005)	-0.015^{***} (0.004)	0.006^{*} (0.003)	-0.015^{***} (0.004)				
税收优惠					0.031^{***} (0.002)	0.001 (0.002)	0.035^{***} (0.001)	-0.006 (0.003)
常数项	3.566^{***} (0.308)	5.314^{***} (0.216)	-6.369^{***} (0.178)	0.945^{***} (0.032)	4.340^{***} (0.326)	5.277^{***} (0.224)	-6.295^{***} (0.197)	4.151^{***} (0.821)
控制变量	YES	YES	YES	YES	YES	YES	YES	YES
企业固定效应	YES	YES	YES	YES	YES	YES	YES	YES
时间固定效应	YES	YES	YES	YES	YES	YES	YES	YES
观测值	323,122	321,990	323,122	321,990	270,338	269,326	270,338	269,326
R^2	0.886	0.828	0.882	0.818	0.891	0.830	0.891	0.818

5.4　进一步讨论

前文已经证实政府补贴和税收优惠显著降低了企业污染排放强度，张任之（2019）研究发现产业政策更倾向于扶持行业的国有企业和大型企业，即产业政策所有制与企业规模偏向。因此需要进一步探究问题为产业政策的实施方式如何影响政策效果，本节参考 Aghion（2015）、戴小勇和成力为（2019）的方法，根据赫芬达尔—赫希曼指数构建产业政策工具在同一行业的企业之间的离散程度，如果该数值较小，则说明该产业政府补贴、税收优惠覆盖面范围较广，也说明该产业政策工具更平均地扶持跨企业配置。赫芬达尔指数反映了产业政策集中度，用 1 减去赫芬达尔指数表示产业政策在产业内的分散程度。构建方法如下：

$$H\_\ subsidy_{jpt} = 1 - \sum_{h \in j,\ h \notin i} \left(\frac{Subsidy_{ijpt}}{Sum\_\ subsidy_{jpt}} \right)^2 \tag{5.6}$$

$$H\_\ tax_{jpt} = 1 - \sum_{h \in j,\ h \notin i} \left(\frac{Tax_{ijpt}}{Sum\_\ tax_{jpt}} \right)^2 \tag{5.7}$$

其中，$Subsidy_{ijpt}$ 和 Tax_{ijpt} 分别表示 p 省 j 行业的企业 i 在 t 期获得的政府补贴和税收优惠；$Sum\_\ subsidy_{jpt}$、$Sum\_\ tax_{jpt}$ 分别表示相应变量在三位数行业与地区层面的求和，其中企业所获得的政府补贴、税收优惠的计算方式与前文一致。$H\_\ subsidy_{jpt}$、$H\_\ tax_{jpt}$ 取值越大，说明企业所获得的政府补贴、税收优惠越分散，产业政策在同一行业内部实施集中度越低，表明产业政策更倾向于鼓励某一行业内更多的企业。本章将产业政策配置指标与企业污染排放强度直接进行回归，可能存在潜在的内生性问题，因此为了有效解决该问题，本章在计算产业赫芬达尔指数时，减去该企业 i 获得的政府补贴、税收优惠得到一个行业层面的产业政策分散度指标，并且这个指标是相对外生于企业 i 的绩效。产业政策离散度指标的描述性统计如表 5.22 所示，平均而言，政府补贴的离散度（0.475）远低于税收优惠的离散度（0.780），说明地区同行业内企业获得政府补贴相对比较集中，而税收优惠产业政策实施范围更加广泛。

表 5.22 产业政策离散度的描述性统计

变量名称	均值	标准差	最小值	最大值
政府补贴	0.475	0.379	0	1
税收优惠	0.780	0.244	0	1

为了检验产业政策实施方式对企业污染排放的实施效果，本章构建如下形式的计量回归方程：

$$Pollution_{ijpt} = \alpha + \beta H\_subsidy_{jpt} + \gamma \vec{X} + \xi_i + \delta_t + \mu_{ijpt} \qquad (5.8)$$

$$Pollution_{ijpt} = \alpha + \beta H\_tax_{jpt} + \gamma \vec{X} + \xi_i + \delta_t + \mu_{ijpt} \qquad (5.9)$$

式（5.8）和式（5.9）的控制变量、固定效应与前文一致，被解释变量选择企业二氧化硫污染排放强度、工业烟尘污染排放强度、化学需氧量污染排放强度。回归结果汇报见表 5.23，第（1）~（3）列各类污染排放强度对政府补贴离散度 $H\_subsidy_{jpt}$ 的回归结果，其中政府补贴离散度对二氧化硫污染排放强度回归系数为 -0.010，在 10% 水平上通过显著性检验，对工业烟尘的回归系数为 -0.018，在 1% 显著性水平上显著，对化学需氧量的回归系数为 -0.007，在 10% 水平上通过显著性检验，说明政府补贴越分散，对企业环境污染的减排作用越大；第（4）~（6）列税收优惠离散度 H_tax_{jpt} 对各类污染排放物的回归结果，税收优惠对二氧化硫污染排放强度回归系数为 -0.063，在 1% 显著性水平上显著，对工业烟尘的污染排放强度回归系数为 -0.024，在 1% 水平上通过显著性检验，对化学需氧量的回归系数为 -0.038，在 1% 显著性水平上显著，说明税收优惠惠及企业面越广，越有利于企业提升环境绩效。政府对一部分企业的选择性政策扶持相当于对行业内其他企业的政策歧视，而接受产业扶持的企业并不一定是效率最高的企业，政策对大型企业的偏向扭曲了行业资源配置效率（张任之，2019），产业政策扶持对象集中，产业政策扭曲导致资源错配，对企业环境绩效将产生负面影响。

表 5. 23   产业政策实施方式对污染排放强度的回归结果

变量	(1)	(2)	(3)	(4)	(5)	(6)
	$lnSO_2$	lndust	lncod	$lnSO_2$	lndust	lncod
政府补贴	-0.010* (0.005)	-0.018*** (0.006)	-0.007* (0.004)			
税收优惠				-0.063*** (0.007)	-0.024*** (0.007)	-0.038*** (0.007)
常数项	4.914*** (0.287)	0.665 (0.407)	0.385*** (0.030)	4.214*** (0.257)	0.979*** (0.291)	1.652*** (0.264)
控制变量	YES	YES	YES	YES	YES	YES
企业固定效应	YES	YES	YES	YES	YES	YES
时间固定效应	YES	YES	YES	YES	YES	YES
观测值	172, 242	148, 701	172, 796	161, 367	139, 002	161, 395
R^2	0.820	0.862	0.798	0.829	0.859	0.799

5. 5   小结

本章利用 1998—2007 年中国工业企业数据库和中国企业污染数据库匹配的微观数据，实证检验了产业政策对企业污染排放行为的影响，从企业层面、行业层面和地区层面进行了异质性检验，建立中介效应模型检验产业政策的作用机制。本章还进一步讨论了普惠性产业政策是否更有利于企业环境绩效。本章研究的主要结论如下：

第一，政府补贴、税收优惠对二氧化硫、工业废气、工业废水、工业粉尘、工业烟尘、烟（粉）尘排放量和化学需氧量的污染排放强度具有显著的负向作用，即产业政策通过政府补贴和税收优惠政策工具提高企业环境绩效。经过控制不同固定效应、改变随机误差项聚类层级、变换解释变量等一系列稳健性检验，结果显著且均与基准回归结果的符号一致。

第二，产业政策有助于本土企业降低污染排放强度，尤其是私营企业的环境绩效；产业政策有利于中小型企业和非出口企业的环境绩效；产业政策有利于缓解融资约束，因此对于融资能力弱的企业，产业政策的减排效应更明显；产业政策促进了企业的创新，因此创新能力强的企业环境绩效更显著。行业具有不同的资本密集度和污染密集度，政府补贴和税收优惠在行业资本密集度高的企业的政策效果更显著，同时更有利于污染密集度低的企业减排。产业政策实施具有显著的地区差异性，相对于中西部地区企业，政府补贴和税收优惠对于东部企业的环境绩效作用更强。

第三，产业政策通过规模效应机制、创新效应机制和结构效应机制对企业的环境绩效产生了正向影响。从产业政策离散度视角来看，普惠性的产业政策对于企业污染排放强度影响更明显。

6　竞争开放市场机制与产业政策的环境效应

第 5 章研究结果发现，产业政策通过政府补贴和税收优惠工具能够有效降低企业污染排放强度。产业政策的有效性还依赖于其所处的市场环境，因此本章基于"有效市场"的视角，分析政府补贴和税收优惠等产业政策工具在差异化市场环境下对企业污染排放行为的影响。第一节设定识别策略，第二节和第三节分别引入市场竞争和对外开放的变量检验市场环境对政府产业扶持导向、企业生产行为和环境治理等方面的影响，最后第四节总结本章的主要实证结果。

6.1　研究设计

6.1.1　模型构建

本章参考张莉等（2019）的做法，构建如下计量模型探究市场机制对产业政策环境效应的影响：

$$Pollution_{ijpt} = \alpha + \beta_1 policy_{jpt} + \beta_2 Market_{pt} + \beta_3 (policy_{jpt} \times Market_{pt}) + \gamma_1 \vec{X}$$
$$+ \xi_i + \delta_t + \mu_{it} \tag{6.1}$$

式（6.1）中下标 i 表示企业，j 表示行业，p 表示省份，t 表示年份。核心解释变量 $policy_{jpt}$ 为 p 省、j 行业的产业政策变量，被解释变量 $Pollution_{ijpt}$ 表示 p 省 j 行业企业 i 在第 t 年的污染排放强度；$Market_{pt}$ 表示市场机制的变量，$\vec{X}$ 为一系列影响企业污染排放的企业层面、行业层面和地区层面的控制变量合集，本章控制了企业随时间变化的特征，如企业全要素生产率、企业出口行为；行业随时间变化的特征，如行业资本密集度，行业集中度等；地区随时间变化的特征，如地区经济发展水平、对外开放程度和环境规制程度，μ_{ijpt} 为随机误差项。本章重点关注交互项 $policy_{jpt} \times Market_{pt}$ 系数 β_3，基于第 5 章产业政策工具对污染排放回归系数为负，如果系数 $\beta_3 > 0$，表明市场环境弱化了产业政策的环境效应，如果 $\beta_3 < 0$，表明市场环境强化了产业政策对企业的减排效应。

6.1.2 变量选取

（1）被解释变量 $Pollution_{ijpt}$：企业污染排放强度。以工业企业二氧化硫排放量为主要被解释变量，以工业废气、工业烟尘、工业粉尘、工业烟（粉）尘、化学需氧量和工业废水等污染排放物作为稳健性检验，根据中国工业企业污染数据库提供的上述排放物的排放量与工业总产值的比重表示污染排放强度。

（2）核心解释变量 $policy_{jpt} \times Market_{pt}$ 交互项：市场竞争机制与产业政策的交互效应，市场开放程度与产业政策的交互效应。

解释变量 $policy_{ijpt}$：产业政策变量。政策变量为政府补贴和税收优惠，计算方法同前。

解释变量 $Market_{pt}$：从市场竞争程度和对外开放程度两方面刻画：

①市场竞争程度 $competition_{jpt}$。HHI 指数通过市场份额变化程度表示企业规模离散度和市场集中度，计算公式为：

$$\mathrm{HHI} = \sum_1^N (T_i / T)^2 \tag{6.2}$$

其中 $T = \sum_i^N T_i^2$，本章根据四位数行业、省份和年份的企业销售额占行业总销售额百分比的平方和得到 HHI 指数，HHI 指数越大代表企业垄断程度越高，市场集中度越高。根据研究需要，本章采用 1－赫芬达尔指数作为竞争性指标，$competition_{jpt}^1$ 表示市场竞争程度，该指标越大，说明市场竞争程度越高。竞争性指标如果为 1，表示市场处于完全竞争，而竞争性指标如果小于 1，则表示存在市场势力或市场垄断，竞争性指标为 0，表示市场处于完全垄断。

以本省、行业与年份构建竞争性变量 $competition_{jpt}^{1}$ 侧重于反映省内四位数行业层面企业面临的竞争程度，但随着市场一体化推进，逐步打破地方保护主义和市场分割，本地区企业还将面临国内统一大市场同类产品的竞争。本章借鉴张莉等（2019）在全国市场层面依据四位数行业 HHI 指数与本省产业结构比例构建了新的竞争性变量 $competition_{jpt}^{2}$，计算公式：

$$competition_{jpt}^{2} = ln\left(w_{pt} \times \frac{1}{HHI_{jt}}\right) \tag{6.3}$$

其中 w_{pt} 为 t 年根据行业四位数分类的企业数量占 p 省该行业企业总数的比重，$1/HHI$ 表示国家所有四位数行业 HHI 指数的倒数。$competition_{jpt}^{2}$ 越大，表示该省 j 产业 t 年所面临的市场竞争越激烈，市场竞争程度越高。

在稳健性检验中，采用 1 - 勒纳指数和樊纲等（2010）计算的各省份产品市场发育程度作为市场竞争的变量，产品市场发育指数由价格和贸易壁垒计算所得，其中价格部分根据社会零售商品、生产资料和农产品由市场决定的部分合成，贸易壁垒依据地区性贸易保护与地区生产总值比重表示，该指数全面详尽地反映了产品市场发育和竞争程度。

②对外开放程度 $open_{pt}$。参考包群等（2003）采用贸易依存度反映贸易开放程度和对外开放程度。贸易进口和出口有经营单位所在地和按境内目的地和货源地进出口总额两种统计口径，本章分别以两种口径计算贸易依存度即各省进出口贸易总额与地区国内生产总值比重计算。采用出口占地区生产总值比重和外商直接投资占地区生产总值比重作为稳健性检验反映地区对外开放程度。贸易进出口总额根据国家外汇管理局公布的人民币对美元汇率的中间价进行换算。

（3）控制变量：①企业年龄，研究当年减去企业成立年份加 1 取对数，由于企业生产管理存在惯性和惰性，企业年龄可能是影响企业环保投资的阻碍因素；②企业规模，根据企业固定资产净值年平均余额取对数；③企业全要素生产率，根据 Levinsohn 和 Petrin（2003）采用中间品投入计算 TFP 可以有效缓解内生性问题并减少样本量损失，其中产出指标使用工业总产值（当年价格），劳动投入为全部从业人员年平均人数，资本投入采用企业固定资产净值年平均余额衡量，缺失工业中间投入合计通过计算公式：工业中间投入合计＝工业总产值（当年价格）＊主营业务销售成本/主营业务销售收入−应付工资（薪酬）总额−本年折旧，工业增加值＝工业总产值（当年价格）−工业中间投入合计+应交增值税补齐；④资本密集度，实际固定资产年平均余额与年均从业人员比值取对数；⑤企业杠杆率，用企业负债合计占企业总资产的比重来表示；⑥企业所有制虚拟变量，其中内资企业设为1，外资企业设为0；⑦企业是否从事出口业务的虚拟变量，当企业出口交货值大于0，取1，否则为0；⑧企业是否进行创新的虚拟变量，当企业新产品产值大于0，取1，否则为0。其中工业总产值（当年价格）和工业增加值等使用1998年工业品出厂价格指数进行平减调整，固定资产净值使用1998年固定资产投资指数进行平减调整。

行业层面控制行业资本密集度：用城市—三位数行业层面的实际固定资产净值与全部从业人数年平均数的比值取对数来表示。

地区层面控制变量：地区经济发展水平，用人均国内生产总值 GDP 对数表示。

6.1.3 数据来源

本章数据主要来源有三个方面：①中国全部国有工业企业以及规模以上非国有工业企业数据库，涵盖了企业的基本信息、所属行业与主营业务、生产销售与资产负债等财务信息。②中国企业污染数据库，该数据库提供了工业企业能源消耗和污染排放等一系列环境相关指标，例如，企业煤炭消耗、天然气消耗、水消耗、二氧化硫排放（以及处理等）、化学需氧量排放（以及处理等）。③中国统计年鉴和中国区域经济统计年鉴，该数据库统计中国 31 个省（市、自治区）经济发展各项指标。表 6.1 汇报本章所使用的主要变量描述性统计，变量均取对数形式。

表 6.1 主要变量描述性统计

变量	观测值	均值	标准差	最小值	最大值
政府补贴	356, 506	3.649	4.051	0	14.511
税收优惠	234, 936	6.819	4.371	−3.514	15.704
二氧化硫	355, 238	0.643	0.895	−0.00600	13.284
市场竞争 1	356, 506	0.458	0.351	0	1
市场竞争 2	356, 506	4.657	1.250	0.0430	8.777
贸易依存度 1	356, 506	0.280	0.382	0.00100	1.502
贸易依存度 2	356, 506	0.295	0.392	0.00200	1.543
企业年龄	356, 172	3.467	0.457	2.708	7.612
企业规模	354, 732	9.537	1.751	0	18.261
全要素生产率	356, 506	0.336	1.592	0	193.387
资本密集度	356, 099	5.108	1.046	−6.397	13.086
企业杠杆率	356, 099	0.654	0.345	−0.761	23.120
企业所有权	356, 506	0.336	0.472	0	1
企业创新	356, 506	0.279	0.449	0	1
企业出口	356, 506	0.229	0.420	0	1
赫芬达尔指数	356, 506	0.542	0.351	0	1
行业资本密集度	356, 506	4.310	0.978	0	12.548
人均 GDP	356, 506	9.450	0.645	7.741	11.103
外商实际投资	356, 506	12.17	1.571	0.693	14.599
环境规制	355, 474	2.586	0.979	0	4.649

6.2 市场竞争与产业政策的互补效应

6.2.1 回归结果与分析

本节采用两种竞争性指数代表市场竞争程度，竞争性指标越大，说明市场越趋于完全竞争，将产业政策工具政府补贴与税收优惠分别与竞争性指数相乘代入式（6.1），交互项系数符号与大小反映了产业政策工具对企业污染排放强度的影响随着市场竞争程度变化方向和强弱，预期交互项系数为负，即产业政策对企业污染减排效应随着市场竞争程度的增大而增强。表 6.2 汇报了在控制企业固定效应、时间固定效应以及一系列控制变量后的回归结果，第（1）列政府补贴与市场竞争 1 的交互项回归系数为 -0.053，并且在 1% 显著性水平上显著，即政府补贴随着市场竞争加强，对企业环境绩效作用增强。交互项系数显著为负，表明政府补贴与市场竞争两者之间存在互补效应，而非替代关系。表 6.2 第（2）列税收优惠与市场竞争 1 的交互项回归系数为 -0.019，并且在 1% 显著性水平上显著。产业政策通过税收优惠扶持企业时，市场竞争程度强化了政策对企业污染排放的绩效。交互项回归系数显著为负，说明税收优惠与市场竞争两者之间存在互补效应，互补作用降低了企业污染排放强度。表 6.2 第（3）列和第（4）列采取前文所述的第二种市场竞争性指数分别与政府补贴和税收优惠做交互，其中第（3）列政府补贴与市场竞争 2 的交互项回归系数为 -0.005，在 10% 显著性水平上显著，随着市场竞争程度提高，政府补贴降低企业二氧化硫污染排放强度作用会增强。第（4）列税收优惠与市场竞争 2 的交互项回归系数为 -0.010，且在 1% 显著性水平上显著，说明随着市场竞争程度提高，税收优惠降低企业二氧化硫污染排放强度的作用同样增强。

表6.2 市场竞争对产业政策实施效果的影响

变量	(1)	(2)	(3)	(4)
	$lnSO_2$	$lnSO_2$	$lnSO_2$	$lnSO_2$
政府补贴	-0.010*** (0.004)		-0.018*** (0.004)	
税收优惠		-0.003** (0.002)		-0.002 (0.002)
市场竞争1	-0.023*** (0.007)	-0.008 (0.006)		
政府补贴*市场竞争1	-0.053*** (0.010)			
税收优惠*市场竞争1		-0.019*** (0.004)		
市场竞争2			0.007*** (0.002)	0.004** (0.002)
政府补贴*市场竞争2			-0.005* (0.003)	
税收优惠*市场竞争2				-0.010*** (0.001)
常数项	4.382*** (0.158)	4.190*** (0.173)	4.356*** (0.159)	4.119*** (0.173)
控制变量	YES	YES	YES	YES
企业固定效应	YES	YES	YES	YES
时间固定效应	YES	YES	YES	YES
观测值	321,990	269,326	321,990	269,326
R^2	0.816	0.818	0.816	0.818

综上所述，产业政策的环境绩效与市场竞争程度正相关，市场竞争程度越高，政府补贴和税收优惠对企业污染排放强度的作用越强，产业政策作为"看得见的手"与市场机制"看不见的手"在动态发展过程中实现优势互补，形成叠加效应。政府通过规划、引导产业发展，对产业提高政府补贴、实施税收优惠等政策降低了企业平均污染排放强度，因此产业政策实施的有效条件是不断推进市场化改革，市场资源依据政府政策的信号对资源配置做出调整，流向生产效率和环境绩效更高的企业，市场机制与产业政策之间能够发挥互补效应而非替代关系。

6.2.2 稳健性检验

6.2.2.1 更换市场竞争度指标

本章以勒纳指数和产品市场发育程度度量市场竞争程度作为稳健性检验，参照 Aghion et al.（2015）的做法，用1-勒纳指数作为竞争性变量表示市场竞争程度，即指数越大，市场竞争越充分。表6.3报告了市场竞争变量对于企业污染排放强度影响的检验结果。其中第（1）列和第（2）列为1-勒纳指数回归的结果，政府补贴与1-勒纳指数回归系数为-0.106，并且在1%显著性水平上显著，说明市场价格竞争越充分，竞争机制越强化政府补贴降低企业污染排放强度的作用；第（2）列税收优惠与1-勒纳指数交互项回归系数为-0.033，在10%显著性水平上显著为负，说明税收优惠随着市场竞争的完善在总体上显著降低了企业污染排放强度水平，与前文的基本结论一致。第（3）列和第（4）列使用王小鲁等（2011）发布的市场化进程指数，政府补贴与产品市场发育程度交互项回归系数为-0.015，并且在1%显著性水平上显著，说明随着产品市场发育不断成熟，政府补贴的减排效应有所增强。税收优惠与市场发育程度交互项回归系数为-0.001，实证结果在1%显著性水平上显著为负，表明市场化进程强化税收优惠对平均企业减排水平的提升。

表 6.3 稳健性检验 1：变换其他市场竞争变量

变量	（1）	（2）	（3）	（4）
	$lnSO_2$	$lnSO_2$	$lnSO_2$	$lnSO_2$
政府补贴	-0.019*** （0.003）		-0.007** （0.003）	
1-勒纳指数	0.006 （0.030）	0.025 （0.037）		
政府补贴*（1-勒纳指数）	-0.106*** （0.031）			
税收优惠		-0.003** （0.001）		-0.002 （0.001）
政府补贴*（1-勒纳指数）		-0.033* （0.018）		
产品市场发育指数			0.018*** （0.002）	0.012*** （0.002）
政府补贴*产品市场发育			-0.015*** （0.001）	
税收优惠*产品市场发育				-0.001*** （0.001）
常数项	4.460*** （0.160）	4.244*** （0.171）	4.274*** （0.159）	4.188*** （0.169）
控制变量	YES	YES	YES	YES
企业固定效应	YES	YES	YES	YES
时间固定效应	YES	YES	YES	YES
观测值	319，207	268，174	321，990	269，326
R^2	0.814	0.829	0.816	0.829

6.2.2.2 更换被解释变量：企业其他污染排放变量选择

除国家五年规划重点管控的污染排放物二氧化硫外，本章还检验了政府补贴和税收优惠的产业政策随着市场竞争程度的变化能否进一步降低其他污染物的污染排放强度。根据中国工业企业污染数据库选取工业废气、工业粉尘、工业烟尘、工业烟（粉）尘和工业废水等污染排放物排放量，计算其与工业总产值比重得到污染排放强度。表 6.4 汇报结果显示，政府补贴与市场竞争的交互项对工业废气排放强度的回归系数为 -0.008 且在 10% 显著性水平上显著，对工业废水污染排放强度的回归系数为 -0.045 且在 1% 显著性水平上显著，对工业粉尘污染排放强度的回归系数为 -0.193 且在 1% 显著性水平上显著，对工业烟尘污染排放强度的回归系数为 -0.067 且在 1% 显著性水平上显著，对工业烟（粉）尘污染排放强度的回归系数为 -0.208 且在 1% 显著性水平上显著，因此随着市场竞争的增强，政府补贴降低工业废气、工业废水、工业粉尘、工业烟尘、工业烟（粉）尘污染排放强度的作用增强；政府补贴与市场竞争交互项对化学需氧量回归系数为 -0.010，没有通过显著性水平检验，因此市场竞争加剧可能没有影响政府补贴对化学需氧量的排放强度的作用。

表 6.4 稳健性检验 2：其他污染排放物污染排放强度

变量	(1) lngas	(2) lnwater	(3) lndust	(4) lnsmoke	(5) lnds	(6) lncod
政府补贴	-0.001 (0.002)	-0.000 (0.004)	-0.051^{***} (0.004)	-0.001 (0.004)	-0.045^{***} (0.005)	0.008^{***} (0.003)
市场竞争	-0.007^{**} (0.003)	-0.035^{***} (0.007)	-0.039^{***} (0.007)	-0.043^{***} (0.007)	-0.066^{***} (0.009)	-0.013^{**} (0.006)
政府补贴 * 市场竞争	-0.008^{*} (0.005)	-0.045^{***} (0.011)	-0.193^{***} (0.011)	-0.067^{***} (0.010)	-0.208^{***} (0.013)	-0.010 (0.008)

变量	（1）	（2）	（3）	（4）	（5）	（6）
	lngas	lnwater	lndust	lnsmoke	lnds	lncod
常数项	0.772*** (0.077)	0.888*** (0.180)	−0.240 (0.184)	3.533*** (0.160)	3.260*** (0.218)	1.090*** (0.136)
控制变量	YES	YES	YES	YES	YES	YES
企业固定效应	YES	YES	YES	YES	YES	YES
时间固定效应	YES	YES	YES	YES	YES	YES
观测值	321,990	321,979	284,481	321,990	284,481	321,979
R^2	0.785	0.834	0.852	0.740	0.841	0.783

表 6.5 汇报了市场竞争与税收优惠对企业污染排放强度的影响，税收优惠与市场竞争的交互项对工业废气排放强度的回归系数为 −0.006 且在 1% 显著性水平上显著，对工业废水污染排放强度的回归系数为 0.004 但不显著，对工业粉尘污染排放强度的回归系数为 −0.031 且在 1% 显著性水平上显著，对工业烟尘污染排放强度的回归系数为 −0.005 但不显著，对工业烟（粉）尘污染排放强度的回归系数为 −0.039 且在 1% 显著性水平上显著，对化学需氧量排放强度的回归系数为 −0.015 且在 1% 显著性水平上显著。因此随着市场竞争的增强，税收优惠降低工业废气、工业粉尘、工业烟（粉）尘和化学需氧量污染排放强度的作用增强。

表 6.5　稳健性检验 3：其他污染排放物污染排放强度

变量	（1）	（2）	（3）	（4）	（5）	（6）
	lngas	lnwater	lndust	lnsmoke	lnds	lncod
税收优惠	−0.001* (0.001)	0.002 (0.002)	0.001 (0.002)	−0.000 (0.002)	0.001 (0.002)	−0.003** (0.001)

| 变量 | (1) | (2) | (3) | (4) | (5) | (6) |
	lngas	lnwater	lndust	lnsmoke	lnds	lncod
市场竞争	−0.004 (0.003)	−0.021*** (0.007)	0.008 (0.006)	−0.022*** (0.006)	−0.013* (0.008)	−0.007 (0.005)
税收优惠 * 市场竞争	−0.006*** (0.002)	0.004 (0.005)	−0.031*** (0.004)	−0.005 (0.004)	−0.039*** (0.005)	−0.015*** (0.004)
常数项	0.631*** (0.081)	1.272*** (0.203)	0.187 (0.194)	3.247*** (0.176)	3.532*** (0.241)	1.343*** (0.157)
控制变量	YES	YES	YES	YES	YES	YES
企业固定效应	YES	YES	YES	YES	YES	YES
时间固定效应	YES	YES	YES	YES	YES	YES
观测值	269, 326	269, 334	235, 806	269, 326	235, 806	269, 334
R^2	0.785	0.839	0.855	0.748	0.842	0.784

6.2.2.3 内生性问题讨论

考虑到模型可能存在的内生性问题，本章试图通过寻找工具变量采用两阶段最小二乘法（2SLS）重新对模型进行估计。工具变量要求与核心解释变量相关，但是与随机误差项不相关。采用滞后一期的政府补贴和税收优惠、市场竞争作为产业政策、市场竞争及其交互项的其中一种工具变量。由于滞后一期的产业政策与市场竞争属于前定变量，不受当期不可观测因素的影响，因此与随机误差项不相关，同时也不存在与下一期企业污染排放强度的反向因果关系，因此从一定程度上来讲可以减少反向因果的内生性问题。借鉴 Nunn 和 Trefler（2010）、Aghion 等（2015）、席建成等（2019）处理内生性的做法，计算政府补贴与市场竞争变量之间的相关系数、税收优惠与市场竞争变量之间的相关系数，并以其作为第二种工具变量替换式（6.1）中对应的交互项变量。第（1）阶段回归结果的 F 统计量均显著大于 10，第二阶段回归结果报告见表 6.6，第（1）列和第（3）列是采用滞后一期的核心解释变量作为工具变量，第（2）列和第（4）列是根据产业政策解释变量与市场竞争的相关系数作为工具变量。从模型系数的估计结果来看，表 6.6 的交互项系数显著，符号与前述回归结果一致。因此在考虑了内生性问题后，政府补贴、税收优惠与市场竞争对企业减排的互补作用仍然显著。

表 6.6　稳健性检验 4：2SLS 估计结果

变量	（1）$lnSO_2$ 滞后一期	（2）$lnSO_2$ 相关系数	（3）$lnSO_2$ 滞后一期	（4）$lnSO_2$ 相关系数
政府补贴 * 市场竞争	-0.157*** (0.051)	-0.128* (0.077)		
优势税收 * 市场竞争			-0.058** (0.025)	-0.265* (0.148)
控制变量	YES	YES	YES	YES
企业固定效应	YES	YES	YES	YES
时间固定效应	YES	YES	YES	YES
观测值	218,882	299,590	156,449	248,777
R^2	0.059	0.062	0.060	0.042

6.2.3　异质性检验

6.2.3.1　所有制异质性

表 6.7 关注了政府补贴与市场竞争机制交互项对不同所有制样本的回

归结果，可以看出第（1）列~第（4）列外资企业、本土企业、国有企业和私营企业四组分样本中，政府补贴与市场竞争的交互项回归系数依次为-0.042、-0.050、-0.039 和-0.051，交互项回归系数在外资、本土和私营企业分样本回归中均在 1% 显著性水平上显著为负，交互项回归系数在国有企业分样本回归系数在 5% 显著性水平上显著，因此说明市场竞争政府补贴对各类企业的污染减排有强化的作用。

表 6.7 政府补贴与市场环境交互项对不同所有制企业环境绩效的检验结果

变量	（1） $lnSO_2$ 外资	（2） $lnSO_2$ 本土	（3） $lnSO_2$ 国有	（4） $lnSO_2$ 私营
政府补贴	0.012** （0.005）	-0.014*** （0.004）	-0.009 （0.007）	-0.015*** （0.006）
市场竞争	-0.022** （0.009）	-0.027*** （0.008）	-0.029** （0.013）	-0.023** （0.011）
政府补贴*市场竞争	-0.042*** （0.015）	-0.050*** （0.012）	-0.039** （0.019）	-0.051*** （0.015）
常数项	2.917*** （0.223）	4.279*** （0.195）	3.603*** （0.332）	5.125*** （0.271）
控制变量	YES	YES	YES	YES
企业固定效应	YES	YES	YES	YES
时间固定效应	YES	YES	YES	YES
观测值	63,062	257,194	107,377	144,016
R^2	0.853	0.808	0.829	0.808

表 6.8 汇报了税收优惠与市场竞争交互项的分样本回归结果，第（1）列是税收优惠与市场竞争交互项对外资企业分样本的回归检验，回归系数

为-0.001，说明市场竞争没有影响税收优惠对外资企业的污染排放强度的作用。第（2）列是税收优惠与市场竞争交互项对本土企业分样本的回归检验，回归系数为-0.028，并且在1%显著性水平上显著，因此随着市场竞争增强，强化了税收优惠对企业污染排放的负向作用。进一步将本土企业分为国有企业和私营企业，第（3）列和第（4）列交互项回归系数显著性在本土企业两组样本中出现了不一致的情况，税收优惠与市场竞争的交互项仅在私营企业样本中显著为负，而在国有企业样本中，市场竞争与税收优惠并未形成协同效应，可能的原因在于国有大型企业更易受到政府的保护，政府存在代替市场配置资源的现象，同时抑制了企业环保投资（林雁等，2021），企业与地方政府为了短期利益减少了环保投资。

表6.8　税收优惠与市场环境交互项对不同所有制企业环境绩效的检验结果

变量	（1） $\ln SO_2$ 外资	（2） $\ln SO_2$ 本土	（3） $\ln SO_2$ 国有	（4） $\ln SO_2$ 私营
税收优惠	-0.002 （0.005）	-0.030*** （0.005）	-0.015* （0.009）	-0.030*** （0.006）
市场竞争	-0.010 （0.008）	-0.013* （0.007）	-0.016 （0.012）	-0.005 （0.010）
税收优惠*市场竞争	-0.001 （0.005）	-0.028*** （0.005）	0.008 （0.009）	-0.046*** （0.006）
常数项	2.928*** （0.226）	4.030*** （0.217）	3.450*** （0.374）	4.764*** （0.296）
控制变量	YES	YES	YES	YES
企业固定效应	YES	YES	YES	YES
时间固定效应	YES	YES	YES	YES
观测值	54，385	213，238	90，984	116，552

变量	（1）	（2）	（3）	（4）
	$\ln SO_2$ 外资	$\ln SO_2$ 本土	$\ln SO_2$ 国有	$\ln SO_2$ 私营
R^2	0.847	0.810	0.831	0.810

6.2.3.2 企业规模异质性

表 6.9 汇报了大型和中小型企业两个分样本的回归结果，可以看出政府补贴与市场竞争交互项在不同样本之间存在明显差异。其中第（1）列和第（2）列是政府补贴与市场竞争在大型和中小型企业分样本的回归结果，中小型企业的交互项回归系数显著为负，市场竞争强化了政府补贴降低中小企业的污染排放强度，而随着市场竞争越来越激烈，抑制了政府补贴对大型企业的减排效应。第（3）列和第（4）列是税收优惠和市场竞争交互项在大型和中小型企业分样本的回归结果，中小型企业的交互项回归系数仍然显著为负，税收优惠与市场竞争更有利于中小企业降低污染排放强度。

表 6.9 产业政策与市场环境交互项对不同规模企业环境绩效的检验结果

变量	（1）	（2）	（3）	（4）
	$\ln SO_2$ 大型	$\ln SO_2$ 中小型	$\ln SO_2$ 大型	$\ln SO_2$ 中小型
政府补贴	-0.005 （0.008）	-0.015*** （0.004）		
市场竞争	0.122*** （0.020）	-0.040*** （0.007）	0.087*** （0.020）	-0.019*** （0.006）
政府补贴*市场竞争	0.104*** （0.027）	-0.062*** （0.011）		

续表

变量	（1） lnSO$_2$ 大型	（2） lnSO$_2$ 中小型	（3） lnSO$_2$ 大型	（4） lnSO$_2$ 中小型
税收优惠			0.003 (0.004)	-0.006*** (0.002)
税收优惠 * 市场竞争			0.012 (0.012)	-0.016*** (0.004)
常数项	0.484*** (0.008)	0.691*** (0.004)	0.494*** (0.006)	0.635*** (0.003)
控制变量	YES	YES	YES	YES
企业固定效应	YES	YES	YES	YES
时间固定效应	YES	YES	YES	YES
观测值	26, 358	296, 020	22, 203	247, 062
R^2	0.890	0.814	0.887	0.816

6.3 市场开放与产业政策的协同效应

6.3.1 回归结果与分析

这一小节根据式（6.1）考察对不同地区的对外开放水平对产业政策的环境绩效的影响，重点关注产业政策与贸易依存度交互项的符号，预期交互项系数为负，对外开放发挥了负向调节作用，即政府补贴对企业环境绩效的激励作用随着对外开放程度的提高而增强，税收优惠降低企业污染排放强度的作用随着对外开放程度的提高而增强。表6.10汇报了各省对外开放水平差异化对产业政策实施效果的回归结果，第（1）列和第（2）列中贸易依存度指标计算选取经营单位所在地的进出口总额占 GDP 的比重，政府补贴与贸易依存度1的交互项回归系数在1%显著性水平上显著为负，因此对外开放程度强化了政府补贴的减排效应，政府补贴随着对外开放程度的提高，增强了降低企业污染排放强度的作用；第（2）列政府补贴与贸易依存度2的交互项回归系数为−0.057且在1%显著性水平上显著，说明对外开放对于政府补贴起到了负向调节作用，对外开放程度强化了政府补贴的环境绩效。第（3）列和第（4）列是按照境内目的地和货源地进出口总额统计口径计算贸易依存度，考察对外开放水平对税收优惠环境绩效的总体影响。其中第（3）列税收优惠与贸易依存度1的交互项回归系数为−0.012，并且在1%显著性水平上显著，因此对外开放负向调节了税收优惠，即对外开放强化了税收优惠对二氧化硫污染排放强度的减排作用；第（4）列税收优惠与贸易依存度2的交互项回归系数为−0.012，且在1%显著性水平上显著，即对外开放程度提高能够强化税收优惠的环境绩效。地区对外开放水平越高，地方政府对产业发展越可以发挥扶持之手的作用，政府通过补贴新能源、新技术等战略性新兴产业，加快绿色技术生产，从而改善了企业的污染排放强度；对外开放水平的提高带动了企业在生产过程中减排技术和减排动力的意愿，企业若不去追求绿色技术、加快绿色化生产那么企业将无法适应市场竞争，在国际化竞争市场环境下优胜劣汰的筛选作用越发直接，因此对外开放提高了政策的环境绩效。

表6.10 产业政策与贸易依存度交互项对企业环境绩效的检验结果

变量	（1）	（2）	（3）	（4）
	$\ln SO_2$	$\ln SO_2$	$\ln SO_2$	$\ln SO_2$
政府补贴	−0.017*** （0.003）	−0.017*** （0.003）		
政府补贴 * 贸易依存度1	−0.055*** （0.008）			

续表

变量	（1）$\ln SO_2$	（2）$\ln SO_2$	（3）$\ln SO_2$	（4）$\ln SO_2$
政府补贴 * 贸易依存度2		-0.057^{***} （0.008）		
税收优惠			-0.002 （0.001）	-0.002 （0.001）
税收优惠 * 贸易依存度1			-0.012^{***} （0.003）	
税收优惠 * 贸易依存度2				-0.012^{***} （0.003）
贸易依存度1	-0.006 （0.014）		0.030^{**} （0.015）	
贸易依存度2		-0.015 （0.013）		0.025^{*} （0.015）
常数项	4.353^{***} （0.154）	4.344^{***} （0.154）	4.260^{***} （0.168）	4.259^{***} （0.168）
控制变量	YES	YES	YES	YES
企业固定效应	YES	YES	YES	YES
时间固定效应	YES	YES	YES	YES
观测值	321，990	321，990	269，326	269，326
R^2	0.826	0.826	0.829	0.829

6.3.2 稳健性检验

6.3.2.1 更换对外开放水平指标

稳健性检验中选择按经营单位所在地的出口总额占 GDP 比重和外商直接投资占 GDP 比重表示各省的对外开放程度，重点仍然关注交互项的回归系数符号和大小。表 6.11 第（1）列和第（2）列汇报各省出口比重与政府补贴、出口比重与税收优惠的回归结果，政府补贴与出口比重的交互项回归系数为-0.115，并且在 1% 水平上显著，因此政府补贴对企业污染排放强度随着出口比重增加而降低。税收优惠与出口比重的交互项回归系数在 1% 显著性水平上显著为负，回归系数为-0.021，因此税收优惠对企业的减排效应随着出口比重的增加而增强。政府补贴和税收优惠都随着对外开放尤其是出口的增加，而强化了企业的环境绩效，可能的原因在于，国际市场对绿色产品的需求，倒逼了国内市场绿色技术的提升，从而提高了企业的环境绩效。第（3）列和第（4）列汇报了外商直接投资占 GDP 比重与产业政策的回归结果。第（3）列中政府补贴与外商直接投资比重的交互项回归系数为-0.092 且在 1% 显著性水平上显著，因此政府补贴对企业环境污染行为的影响随着外商直接投资的增加而增强。第（4）列中税收优惠与外商直接投资比重的交互项回归系数为-0.009，回归系数不显著，外商直接投资比重并没有影响税收优惠对企业污染排放强度的平均效应，可能的原因在于中国多种所有制企业并存，从平均意义上来讲，税收优惠覆盖面比较广，而且外资企业相对于本土企业优惠覆盖面和优惠力度更大，外资企业进入中国的环境绩效表现优于本土企业，因此外商实际投资对税收优惠的政策作用较小。

表 6.11　稳健性检验 1：更换其他对外开放变量

变量	（1） $\ln SO_2$	（2） $\ln SO_2$	（3） $\ln SO_2$	（4） $\ln SO_2$
政府补贴	-0.016*** （0.003）		-0.017*** （0.003）	
政府补贴 * 出口贸易依存度	-0.115*** （0.014）			
政府补贴 * 实际利用外资			-0.092*** （0.016）	
税收优惠 * 出口贸易依存度		-0.021*** （0.005）		
税收优惠 * 实际利用外资				-0.009 （0.007）
出口贸易依存度	-0.063*** （0.023）	0.014 （0.026）		
实际利用投资依存度			-0.257*** （0.019）	-0.195*** （0.019）
常数项	4.334*** （0.154）	4.243*** （0.168）	4.326*** （0.154）	4.275*** （0.168）
控制变量	YES	YES	YES	YES
企业固定效应	YES	YES	YES	YES
时间固定效应	YES	YES	YES	YES
观测值	321，990	269，326	321，990	269，326
R^2	0.826	0.829	0.827	0.829

6.3.2.2　更换企业污染排放物

本章进一步检验对外开放程度如何作用于产业政策的环境效应，方法同前文一致，选择工业废气、工业废水、工业粉尘、工业烟尘和工业烟（粉）尘、化学需氧量的污染排放强度作为被解释变量。表6.12汇报了对外开放程度影响政府补贴环境绩效的回归结果，可以发现，随着对外开放程度的提高，政府补贴能够有效降低工业废气、工业粉尘、工业烟（粉）尘、化学需氧量的污染排放强度，并且在1%显著性水平上显著，而对于工业废水和工业烟尘污染排放强度影响为负，但是作用效果较小。

表 6.12　稳健性检验 2：更换其他污染排放强度

变量	（1）lngas	（2）lnwater	（3）lndust	（4）lnsmoke	（5）lnds	（6）lncod
政府补贴	-0.002 (0.002)	-0.009 * * (0.004)	-0.080 * * * (0.004)	-0.014 * * * (0.003)	-0.078 * * * (0.004)	0.007 * * (0.003)
贸易依存度	0.002 (0.007)	0.330 * * * (0.016)	0.049 * * * (0.015)	0.249 * * * (0.014)	0.286 * * * (0.018)	-0.015 (0.012)
政府补贴 * 贸易依存度	-0.027 * * * (0.004)	-0.013 (0.009)	-0.170 * * * (0.009)	-0.008 (0.008)	-0.169 * * * (0.011)	-0.020 * * * (0.007)
常数项	0.777 * * * (0.077)	1.079 * * * (0.180)	-0.115 (0.185)	3.692 * * * (0.160)	3.695 * * * (0.219)	1.089 * * * (0.136)
控制变量	YES	YES	YES	YES	YES	YES
企业固定效应	YES	YES	YES	YES	YES	YES
时间固定效应	YES	YES	YES	YES	YES	YES
观测值	321, 990	321, 979	284, 481	321, 990	284, 481	321, 979
R^2	0.785	0.835	0.853	0.740	0.841	0.783

表 6.13 汇报了对外开放程度影响税收优惠环境绩效的回归结果，可以发现，对外开放程度提高强化了税收优惠降低工业粉尘和工业废水污染排放强度，并且在 1% 显著性水平上显著，而对外开放程度差异化并没有影响税收优惠对工业废气和工业烟（粉）尘、化学需氧量的污染排放强度的作用，但是随着对外开放程度提高，工业烟尘污染排放强度有所加强。

表 6.13 稳健性检验 3：更换其他污染排放强度

变量	(1)	(2)	(3)	(4)	(5)	(6)
	lngas	lnwater	lndust	lnsmoke	lnds	lncod
税收优惠	−0.002***	0.001	−0.003**	−0.004**	−0.007***	−0.005***
	(0.001)	(0.002)	(0.002)	(0.001)	(0.002)	(0.001)
贸易依存度	−0.003	0.345***	0.162***	0.219***	0.375***	−0.022
	(0.007)	(0.018)	(0.016)	(0.016)	(0.020)	(0.014)
税收优惠∗贸易依存度	0.001	−0.014***	−0.008**	0.008**	0.000	0.001
	(0.001)	(0.004)	(0.003)	(0.003)	(0.004)	(0.003)
常数项	0.631***	1.516***	0.451**	3.408***	4.177***	1.331***
	(0.081)	(0.203)	(0.196)	(0.176)	(0.243)	(0.157)
控制变量	YES	YES	YES	YES	YES	YES
企业固定效应	YES	YES	YES	YES	YES	YES
时间固定效应	YES	YES	YES	YES	YES	YES
观测值	269,326	269,334	235,806	269,326	235,806	269,334
R^2	0.785	0.840	0.855	0.748	0.842	0.784

6.3.2.3 内生性讨论与工具变量设计

针对式（6.1），需要解决可能存在的内生性问题。解决内生性问题可以通过有效的工具变量解决。本章参考张杰（2020）的研究，根据省级、二位数行业、年份三个维度计算获得政府补贴的企业总数占所属行业企业总数的比重，可以作为反映地方政府财政支出的外生性政策变量，而个体企业的环境绩效很难影响地区层面政府补贴的决策行为，在一定程度上缓解了由于企业个体导致获得政府补贴的逆向因果关系。此外还可以采用滞后一期的政府补贴和税收优惠工具变量作为变量工具进行估计。

　　经济开放水平的潜在内生性问题存在于国内各地区，经济发达的地区，地方政府通过产业扶持吸引国外先进技术和绿色产业，技术外溢提高了整个地区的环境水平。参考黄玖立和李坤望（2006）使用海外市场接近度作为各地区对外开放水平的工具变量，具体构造方法如下，东部沿海省份的海外市场接近度以各省所在的省会城市到海岸线的距离来衡量，中西部内陆省份到海岸线的距离等于其与最相近沿海省会的距离加上沿海省份的内部距离，海外市场接近度等于省会城市到海岸线距离的倒数再乘以100。各省区的海外市场接近度作为地理距离是不随时间变化的变量，进一步通过中国外汇交易中心对外公布的1998—2007年人民币汇率中间价对美元平均汇率与海外市场接近度相乘，汇率波动影响进出口和外商直接投资，人民币对美元汇率是由两国货币市场供求关系决定的，对地方和单个企业来讲都是相对外生给定的。因此在模型（6.1）中，采用企业比重和海外市场接近度分别作为产业政策和对外开放程度的工具变量，交互项亦采用两个工具变量的交互项作为原交互项的工具变量，回归结果报告如下：第一阶段回归模型F值远大于10，第二阶段回归中交互项系数符号为负，政府补贴与贸易依存度的交互项回归系数在10%显著性水平上显著，税收优惠与贸易依存度的交互项回归系数在1%显著性水平上为负，工具变量回归结果进一步验证了本章主要结论的稳定性。

表 6.14 稳健性检验 4：2SLS 估计工具变量法

变量	(1)	(2)	(3)	(4)
	lnSO$_2$ 海外市场距离	lnSO$_2$ 海外市场距离	lnSO$_2$ 滞后一期	lnSO$_2$ 滞后一期
政府补贴 * 贸易依存度	-0.538* (0.322)			
税收优惠 * 贸易依存度		-0.212*** (0.054)		
政府补贴 * 贸易依存度			-0.214*** (0.051)	
税收优惠 * 贸易依存度				-0.049*** (0.012)
控制变量	YES	YES	YES	YES
企业固定效应	YES	YES	YES	YES
时间固定效应	YES	YES	YES	YES
观测值	321，990	156，449	218，882	156，449
R^2	-0.018	-0.040	0.057	0.060

6.3.3 异质性检验

6.3.3.1 企业所有制异质性

表 6.15 汇报了对外开放和政府补贴对外资企业、本土企业、国有企业和私营企业样本中的分组回归检验结果。第（1）列是针对外资企业样本中的回归结果，其中交互项回归系数不显著，因此对外开放程度并不会影响政府补贴对外资企业污染排放强度的作用。第（2）列是针对本土企业

样本中的回归结果，交互项回归系数为 -0.090，并且在 1% 的显著性水平上显著，因此随着对外开放的加深，政府补贴增强了降低本土企业的污染排放强度的作用。第（3）列和第（4）列分别是针对国有企业样本中和私营企业样本中的回归结果，国有企业样本中在 1% 显著性水平上显著为负，私营企业样本中在 1% 显著性水平上显著为负，因此对外开放强化了政府补贴国有和私营企业的环境绩效。

表 6.15 政府补贴与对外开放交互项对不同所有制企业环境绩效的检验结果

变量	（1）	（2）	（3）	（4）
	$\ln SO_2$ 外资	$\ln SO_2$ 本土	$\ln SO_2$ 国有	$\ln SO_2$ 私营
政府补贴	0.008 (0.005)	-0.024*** (0.004)	-0.018*** (0.006)	-0.023*** (0.005)
贸易依存度	-0.006 (0.019)	-0.066*** (0.018)	-0.039 (0.031)	-0.091*** (0.026)
政府补贴 * 贸易依存度	-0.011 (0.009)	-0.090*** (0.011)	-0.073*** (0.020)	-0.079*** (0.014)
常数项	3.018*** (0.220)	4.281*** (0.189)	3.620*** (0.321)	4.978*** (0.263)
控制变量	YES	YES	YES	YES
企业固定效应	YES	YES	YES	YES
时间固定效应	YES	YES	YES	YES
观测值	63，062	257，194	107，377	144，016
R^2	0.859	0.819	0.840	0.820

表 6.16 汇报了对外开放和税收优惠对外资企业、本土企业、国有企业和私营企业样本中的回归检验结果。第（1）列是针对外资企业样本中的

回归结果，其中交互项回归系数为 0.004，但是没有通过统计意义显著性检验，说明外资开放程度并不会影响税收优惠对外资企业污染排放强度的作用。第（2）列是针对本土企业样本中的回归结果，交互项回归系数为 -0.026，并且在 1% 显著性水平上显著，因此随着对外开放的加深，税收优惠增强了降低本土企业的污染排放强度的作用。第（3）和第（4）列是分别针对国有企业样本中和私营企业样本中的回归结果，税收优惠与贸易依存度交互项回归系数分别为 -0.015 和 -0.025，国有企业样本中在 10% 显著性水平上显著为负，私营企业样本中通过了 1% 水平显著性检验。税收优惠与对外贸易的交互作用对于本土国有企业和私营企业均具有明显的减排效应，随着对外开放进程加快，外资企业通过绿色清洁技术的外溢效应和高效管理效率降低了中国本土企业的污染排放强度（邵朝对，2021）。

综上，对外开放对产业政策的环境绩效因企业所有制而不同，对外开放并没有影响政府补贴对外资企业的污染排放强度的作用，可能的原因在于，外资企业进入本地市场时其生产经营方式已经受到总部管理和排污水平的影响，而受东道国市场的开放度影响相对较小，相反本土企业受益于对外开放程度，对外开放程度强化了地方政府产业政策实施的规范性。

表 6.16　税收优惠与对外开放交互项对不同所有制企业环境绩效的检验结果

变量	(1)	(2)	(3)	(4)
	$\ln SO_2$ 外资	$\ln SO_2$ 本土	$\ln SO_2$ 国有	$\ln SO_2$ 私营
税收优惠	0.003 (0.002)	-0.005*** (0.002)	0.002 (0.003)	-0.007*** (0.002)
贸易依存度	-0.013 (0.020)	-0.003 (0.020)	0.020 (0.034)	-0.030 (0.029)
税收优惠 * 贸易依存度	0.004 (0.003)	-0.026*** (0.004)	-0.015* (0.008)	-0.025*** (0.005)

变量	（1）$\ln SO_2$ 外资	（2）$\ln SO_2$ 本土	（3）$\ln SO_2$ 国有	（4）$\ln SO_2$ 私营
常数项	3.067***（0.222）	4.196***（0.211）	3.690***（0.362）	4.703***（0.288）
控制变量	YES	YES	YES	YES
企业固定效应	YES	YES	YES	YES
时间固定效应	YES	YES	YES	YES
观测值	54, 385	213, 238	90, 984	116, 552
R^2	0.853	0.822	0.842	0.822

6.3.3.2　企业规模异质性

本章从不同企业规模视角进一步观察政府补贴和税收优惠对区域内企业生产行为和排污行为的影响，表 6.17 按照大型企业和中小型企业进行分组回归，其中第（1）列和第（2）列是政府补贴与对外开放程度对不同规模企业的检验结果，在大型企业样本中政府补贴与贸易依存度的交互项回归系数为 0.002 且不显著，而在中小型企业样本中交互项回归系数为 −0.059 且在 1% 显著性水平上显著，也就是说对外开放程度没有影响政府补贴对大型企业污染排放强度的作用，而强化了中小企业的污染减排力度。第（3）列和第（4）列分别是税收优惠与对外开放程度对不同规模企业的检验结果，税收优惠与贸易依存度的交互项回归系数在大型企业样本中不显著，而在中小企业样本中显著为负，因此对外开放显著促进了税收优惠对中小企业环境绩效的提升，政府补贴对大型企业减排的作用不受对外开放程度影响。

表 6.17 产业政策与市场环境交互项对不同规模企业环境绩效的检验结果

变量	（1）$\ln SO_2$ 大型	（2）$\ln SO_2$ 中小型	（3）$\ln SO_2$ 大型	（4）$\ln SO_2$ 中小型
政府补贴	0.006 (0.008)	−0.020*** (0.003)		
贸易依存度	0.252*** (0.045)	−0.030* (0.015)	0.261*** (0.052)	0.011 (0.017)
政府补贴 * 贸易依存度	0.002 (0.022)	−0.059*** (0.009)		
税收优惠			0.004 (0.004)	−0.003* (0.002)
税收优惠 * 贸易依存度			−0.003 (0.009)	−0.014*** (0.003)
常数项	4.989*** (0.505)	4.325*** (0.169)	4.977*** (0.578)	4.185*** (0.184)
控制变量	YES	YES	YES	YES
企业固定效应	YES	YES	YES	YES
时间固定效应	YES	YES	YES	YES
观测值	26,024	293,393	21,910	244,714
R^2	0.893	0.825	0.890	0.828

6.4 小结

本章将市场竞争开放机制、产业政策纳入统一分析框架讨论其对企业环境绩效的影响，分别从市场竞争和对外开放程度探讨了其对政府补贴和税收优惠政策的影响。主要研究结论：

第一，市场竞争与产业政策、对外开放程度与产业政策存在显著的协同互补效应，经过一系列稳健性检验结论依然稳健，协同互补效应降低了企业污染排放的强度。

第二，随着市场竞争加强，强化了政府补贴对外资、本土企业环境污染强度的显著的负向作用，说明市场竞争提高了政府补贴的政策效率，市场竞争同样强化了税收优惠对本土尤其是私营企业的环境绩效。

第三，对外开放有利于产业政策对本土企业和中小型企业的减排效应。因此推进市场化进程和地区开放程度，有利于本土企业尤其是国有企业的环境绩效。

7 央地政府互动关系与产业政策的环境效应

第 6 章实证检验了市场竞争开放机制与产业政策的协同互补效应对企业环境绩效的影响，上一章分析还发现不同的市场经济环境下，产业政策实施效果存在显著的差异性，市场经济好坏还取决于政府在经济中扮演的角色。本章内容结构安排如下：第一节介绍识别策略、变量选取与数据来源，第二节和第三节依次引入政绩考核和环境治理等变量检验制度环境对政府产业扶持导向、企业生产行为和环境治理等方面的影响，第四节为小结。

7.1 研究设计

7.1.1 模型构建

参考张彩云等（2018a；2018b）构建如下计量模型检验政绩考核对产业政策环境效应的影响：

$$Pollution_{ijpt} = \alpha + \beta_1\, policy_{jpt} \times MA_{pt} + \beta_2\, policy_{jpt} + \beta_3 MA_{pt} + \gamma_1 \overrightarrow{X} + \xi_i + \delta_t + \mu_{ijpt} \tag{7.1}$$

下标 i 表示企业，j 表示行业，p 表示省份，t 表示年份。$policy_{jpt}$ 为 p 省 j 行业 t 年产业政策变量，$Pollution_{ijpt}$ 为被解释变量表示 p 省 j 行业企业 i 在第 t 年的污染排放强度，MA_{pt} 为政绩考核变量，核心解释变量为产业政策与政绩考核的交互项 $policy_{jpt} \times MA_{pt}$，$X$ 为一系列影响企业污染排放的企业、行业和地区层面控制变量, ξ_i 为个体固定效应, δ_t 为时间固定效应, μ_{ijpt} 为随机误差项。本章重点关注交互项系数 β_1, 刻画了政绩考核对产业政策环境效应的交互效应。如果系数 $\beta_1 > 0$, 表明政绩考核弱化了产业政策对企业污染排放强度的影响; 如果 $\beta_1 < 0$, 表明政绩考核强化了产业政策对企业的污染排放强度的影响; 如果 $\beta_1 = 0$, 则说明政绩考核没有影响产业政策对企业排污行为。根据前文机制分析, 预估包含经济绩效和环境绩效的政绩考核与产业政策交互项系数 $\beta_1 < 0$。

参考张建鹏和陈诗一 (2021), 引入环境治理变量, 构建如下计量模型检验环境治理对产业政策减排效应的影响:

$$Pollution_{ijpt} = \alpha + \beta_1\, policy_{jpt} \times ER_{pt} + \beta_2\, policy_{jpt} + \beta_3 ER_{pt} + \gamma_1 \overrightarrow{X} + \xi_i + \delta_t$$
$$+ \mu_{ijpt} \tag{7.2}$$

下标 i 表示企业, j 表示行业, t 表示年份。$policy_{jpt}$ 为 p 省 j 行业 t 年产业政策变量, $Pollution_{ijpt}$ 为被解释变量表示 p 省 j 行业企业 i 在第 t 年的污染排放, ER_{pt} 为各省环境治理变量, 核心解释变量为产业政策与环境治理的交互项 $policy_{jpt} \times ER_{pt}$, X 为一系列影响企业污染排放的企业、行业和地区层面控制变量, ξ_i 为个体固定效应, δ_t 为时间固定效应, μ_{ijpt} 为随机误差项。本章重点关注交互项系数 β_1, 刻画了环境治理对产业政策环境效应的交互效应。如果系数 $\beta_1 > 0$, 表明随着环境治理增加, 产业政策对企业污染排放强度的正向作用减弱; 如果 $\beta_1 < 0$, 表明随着环境治理增加, 产业政策对企业的污染排放强度作用增强; 如果 $\beta_1 = 0$, 则说明环境治理没有影响产业政策的环境效益。根据前文机制分析, 预估交互项系数 $\beta_1 < 0$。

7.1.2 变量选取

第一, 被解释变量 $Pollution_{ijpt}$: 企业污染排放强度。以工业企业二氧化硫排放量为主要被解释变量, 工业废气、工业废水、工业烟尘、工业粉尘、工业烟 (粉) 尘、化学需氧量等污染排放物作为稳健性检验, 根据中国工业企业污染数据库提供的上述排放物的排放量与工业总产值的比重表示污染排放强度。

第二，核心解释变量分别为$policy_{jpt} \times MA_{pt}$ 和$policy_{jpt} \times ER_{pt}$交互项，表示政绩考核与产业政策的交互效应，环境治理与产业政策的交互效应。

核心解释变量$policy_{ijpt}$：产业政策变量。政策变量为政府补贴和税收优惠，计算方法同前，为了确保政策工具指标相对每个企业是外生的，每个产业政策指标根据国民经济行业分类三位数（GB4754—2002）在地区层面进行加总，再从三位数行业层面政策变量减去企业i的享受该产业政策变量作为核心解释变量。

核心解释变量MA_{pt}：政绩考核变量。沿袭张彩云等（2018a；2018b）、邓慧慧和杨露鑫（2019）、吕越和张昊天（2021）的研究思路，将各省（市、自治区）国民生产总值增长率、居民人均可支配收入增长率、城镇化率增长、二氧化硫排放量增长率纳入指标体系，采取熵权法构建反映经济发展和生态环境的多元化政绩考核指标。

第一步，通过对选取变量指标按照正向指标和逆向指标做标准化处理，消除量纲，具体公式如下：

$$ma'_{pk} = (ma_{pk} - \bar{ma_p}) / sd_k \tag{7.3}$$

$$ma'_{pk} = (\bar{ma_p} - ma_{pk}) / sd_k \tag{7.4}$$

其中，ma'_{pk}为各p省k指标标准化后的数据，其中ma_{pk}为指标的真实值。$\bar{ma_p}$和sd_k分别为选取指标k的均值和标准差，其中式（7.3）为正向指标的标准化公式，式（7.4）为逆向指标的标准化公式。

第二步，计算p省各项指标所占权重w_{pk}：

$$w_{pk} = ma_{pk} / \sum_{p=1}^{n} ma_{pk} \tag{7.5}$$

第三步，计算指标k的熵值e_{pk}；

$$e_{pk} = - \frac{1}{ln(n)} \sum_{p=1}^{n} w_{pk} ln(w_{pk}) \tag{7.6}$$

第四步，计算指标k的权重：

$$W_{pk} = (1 - w_{pk}) / \sum_{k=1}^{m} (1 - w_{pk}) \tag{7.7}$$

第五步：计算综合政绩考核指标：

$$MA_{pt} = \sum_{k=1}^{m} W_{pk}\, w_{pk} \qquad\qquad (7.8)$$

核心解释变量 ER_{pt}：环境治理变量。参考申晨等（2018）、李青原和肖泽华（2020），依据环境治理性质差异，构建市场型、技术型和公众型环境治理变量。市场型环境治理（MER），选取地区人均排污费征收额作为市场型环境治理指标；技术型治理规制（TER），采用地区环保科研机构人员数量来表征技术型环境治理；公众型环境治理（PER），选用地区年度环境信访数量来表示公众型环境治理水平。

第三，控制变量：①企业年龄，研究当年减去企业成立年份加 1 取对数，由于企业生产管理存在惯性和惰性，企业年龄可能是影响企业环保投资的阻碍因素；②企业规模，根据企业固定资产净值年平均余额取对数；③企业全要素生产率，根据 Levinsohn 和 Petrin（2003）采用中间品投入计算 TFP 可以有效缓解内生性问题并减少样本量损失，其中产出指标使用工业总产值（当年价格），劳动投入为全部从业人员平均人数，资本投入采用企业固定资产净值年平均余额衡量，缺失工业中间投入合计通过计算公式：工业中间投入合计＝工业总产值（当年价格）＊主营业务销售成本/主营业务销售收入－应付工资（薪酬）总额－本年折旧；工业增加值＝工业总产值（当年价格）－工业中间投入合计+应交增值税补齐；④资本密集度，实际固定资产年平均余额与年均从业人员比值取对数；⑤企业杠杆率，用企业负债合计占企业总资产的比重来表示；⑥企业所有制虚拟变量，其中内资企业设为 1，外资企业设为 0；⑦企业是否从事出口业务的虚拟变量，当企业出口交货值大于 0，取 1，否则为 0；⑧企业是否进行创新的虚拟变量，当企业新产品产值大于 0，取 1，否则为 0。其中工业总产值（当年价格）和工业增加值等使用 1998 年工业品出厂价格指数进行平减调整，固定资产净值使用 1998 年固定资产投资指数进行平减调整。

行业层面控制行业资本密集度：用城市—三位数行业层面的实际固定资产净值与全部从业人数年平均数的比值取对数来表示。地区层面控制变量：地区经济发展水平，用人均国内生产总值 GDP 对数表示。地区对外开放程度，外商实际投资额取对数。

7.1.3 数据来源

本章数据主要来自：①中国全部国有工业企业以及规模以上非国有工业企业数据库，涵盖了企业的基本信息、所属行业与主营业务、生产销售与资产负债等财务信息；②中国企业污染数据库，该数据库提供了工业企业能源消耗和污染排放等一系列环境相关指标，如企业煤炭消耗、天然气消耗、水消耗、二氧化硫排放（以及处理等）、化学需氧量排放（以及处理等）。③中国统计年鉴和中国区域经济统计年鉴，该数据库统计中国 31个省（市、自治区）经济发展各项指标。表 7.1 汇报本章主要变量的描述性统计。

表 7.1　主要变量描述性统计

变量	观测值	均值	标准误	最小值	最大值
政绩考核	356,513	0.637	0.131	0.167	0.930
市场型环境规制	323,151	0.094	0.082	0.005	0.816
公众型环境规制	323,955	0.476	0.277	0.000	1.384
技术型环境规制	216,530	0.142	0.081	0.013	0.410
企业年龄	356,172	3.467	0.457	2.708	7.612
企业规模	354,732	9.537	1.751	0	18.261
全要素生产率	356,506	0.336	1.592	0	193.387
资本密集度	356,099	5.108	1.046	-6.397	13.086
企业杠杆率	356,099	0.654	0.345	-0.761	23.120
企业所有权	356,506	0.336	0.472	0	1
企业创新	356,506	0.279	0.449	0	1

变量	观测值	均值	标准误	最小值	最大值
企业出口	356, 506	0.229	0.420	0	1
赫芬达尔指数	356, 506	0.542	0.351	0	1
行业资本密集度	356, 506	4.310	0.978	0	12.548
人均 GDP	356, 506	9.450	0.645	7.741	11.103
外商实际投资	356, 506	12.17	1.571	0.693	14.599

7.2 政绩考核对产业政策的激励效应

国家确定环保目标和基本任务从"七五"规划以独立章节纳入了国家战略，1996 年《国家环境保护"九五"计划和 2010 年远景目标》（国函〔1996〕72 号）正式批复，成为国家环境治理体系中纲领性的文件。自"十五"环境规划以来，国家明确规定了环境保护重点任务、政策措施和具体考核指标。"十五"环境规划首次提出了减排的预期性目标，"十一五"环境规划将落实节能减排指标和环境保护纳入各级政府目标责任制作为硬性约束条件，2007 年生态环境部与地方政府签订主要污染物总量削减责任书，中央政府不断加大环保考核问责制和污染减排力度。地方政府作为产业政策的主要推进者，在经济发展和环境保护之间的权衡影响了产业政策的扶持态度和扶持力度。本章样本期横跨"九五""十五"和"十一五"规划三个阶段，可以考察中央政府发展目标转变如何影响地方政府和微观企业行为，以 1998—2000 年、2001—2005 年、2006—2007 年三个时间段分样本对第 5 章式（5.1）回归，回归结果报告见表 7.2，政府补贴在"九五"期间回归系数为-0.023，在 10% 水平上通过显著性检验，在"十五"期间回归系数为-0.012，在 5% 水平上通过显著性检验，在"十一五"

期间回归系数为-0.016，在1%水平上通过显著性检验；税收优惠在"九五"和"十五"期间对于企业二氧化硫污染排放强度回归系数为负但不显著，在"十一五"期间税收优惠回归系数为-0.007且在5%水平上通过显著性检验。通过五年规划分样本回归结果，大致可以看出随着国家对环境保护越来越重视，地方政府产业政策扶持方向变化和扶持力度变化，显著降低了企业污染排放强度，产业政策向着绿色和低碳方向发展。政府补贴更多倾向于中央政府对战略性新兴产业支持，因此在样本期间，政府补贴降低了企业污染排放强度，"十五"规划提出了环境污染排放物约束性减排目标，中央环境目标约束对地方政府实施优惠政策发挥了正向引导作用。

表 7.2　产业政策五年规划期间分样本回归结果

变量	(1)	(2)	(3)	(4)	(5)	(6)
	$lnSO_2$	$lnSO_2$	$lnSO_2$	$lnSO_2$	$lnSO_2$	$lnSO_2$
	九五	十五	十一五	九五	十五	十一五
政府补贴	-0.023* (0.013)	-0.012** (0.005)	-0.016*** (0.006)			
税收优惠				-0.003 (0.004)	-0.002 (0.002)	-0.007** (0.003)
常数项	7.055*** (1.069)	3.520*** (0.243)	10.414*** (1.067)	6.708*** (1.135)	3.088*** (0.270)	9.167*** (1.117)
控制变量	YES	YES	YES	YES	YES	YES
企业固定效应	YES	YES	YES	YES	YES	YES
时间固定效应	YES	YES	YES	YES	YES	YES
观测值	71710	155155	71276	61800	120396	61366
R^2	0.889	0.873	0.918	0.890	0.878	0.913

7.2.1 回归结果与分析

根据计量模型式（7.1），基准回归结果报告见表7.3，表7.3第（1）列和第（3）列报告了被解释变量是二氧化硫污染排放强度的估计结果，政府补贴与政绩考核交互项的回归系数为−0.253，且通过了1%水平显著性检验，税收优惠和政绩考核交互项的回归系数为−0.023，通过了5%水平显著性检验，因此政绩考核强化了产业政策对企业二氧化硫污染排放强度的负向作用；第（2）列和第（4）列报告了被解释变量是化学需氧量污染排放强度的估计结果，政府补贴与政绩考核交互项的回归系数为−0.093，且通过了1%水平显著性检验，税收优惠和政绩考核交互项的回归系数为−0.037，通过了1%水平显著性检验，因此政绩考核负向调节了产业政策对企业化学需氧量污染排放强度的作用，即政绩考核体系有利于产业政策的减排效应。因此合理的政绩考核体系有助于产业政策目标的实现，降低企业污染排放强度，合理政绩考核有助于规范地方政府行为，实现中央政府绿色环保的发展理念。中央政府日益重视环境保护考核机制，随着环境保护考核体系的完善，地方政府在环境治理方面呈现竞争向上、模仿性趋优的特点（张文彬等，2010；张彩云等，2018b）。

表7.3　政绩考核对产业政策实施效果的回归结果

变量	（1）	（2）	（3）	（4）
	$\ln SO_2$	lncod	$\ln SO_2$	lncod
政府补贴	−0.003 （0.005）	0.014*** （0.003）		
政府补贴 * 政绩考核	−0.253*** （0.031）	−0.093*** （0.020）		
税收优惠			−0.000 （0.002）	−0.001 （0.001）

变量	(1)	(2)	(3)	(4)
	$\ln SO_2$	lncod	$\ln SO_2$	lncod
税收优惠 * 政绩考核			−0.023** (0.011)	−0.037*** (0.009)
政绩考核	2.319*** (0.162)	0.494*** (0.144)	2.383*** (0.168)	0.383** (0.156)
常数项	7.011*** (0.275)	1.690*** (0.244)	6.856*** (0.287)	1.790*** (0.266)
控制变量	YES	YES	YES	YES
企业固定效应	YES	YES	YES	YES
时间固定效应	YES	YES	YES	YES
观测值	296,680	296,667	246,951	246,959
R^2	0.830	0.798	0.832	0.800

7.2.2 稳健性检验

本章进一步检验政绩考核对其他污染排放物的影响。二氧化硫作为国家五年规划重点管控的污染排放物，产业政策随着政绩考核体系变化能否进一步降低其他污染物的污染排放强度，根据中国工业企业污染数据库选取工业废气、工业废水、工业粉尘、工业烟尘、工业烟（粉）尘等污染排放物排放量与工业总产值比重计算其污染排放强度，表7.4汇报结果显示，科学合理的政绩考核强化了政府补贴降低工业废气、工业废水、工业粉尘、工业烟尘、工业烟（粉）尘和污染排放强度的作用，且至少在10%显著性水平上显著。政绩考核目标强化了税收优惠对工业废气污染排放强度的负向作用，并且在5%显著性水平上显著；但是环境绩效考核加强，其他污染排放物影响不明显，可能的原因在于，地方政府有粉饰性治理污染的动机（沈坤荣和金刚，2018），地方政府倾向于完成中央政府强制要求且易于监督的目标。

表 7.4 变换被解释变量的回归结果

变量	（1） lngas	（2） lnwater	（3） lndust	（4） lnsmoke	（5） lnds
政府补贴	0.000 （0.002）	0.001 （0.004）	−0.050*** （0.004）	−0.012*** （0.004）	−0.050*** （0.005）
政绩考核	−0.100** （0.044）	0.027 （0.101）	0.355*** （0.100）	−0.570*** （0.090）	−0.275** （0.119）
政府补贴* 政绩考核	−0.134*** （0.010）	−0.177*** （0.024）	−0.362*** （0.023）	−0.036* （0.021）	−0.375*** （0.027）
常数项	0.285*** （0.012）	1.092*** （0.028）	0.394*** （0.027）	0.610*** （0.025）	0.894*** （0.032）
观测值	296,680	296,667	259,178	296,680	259,178
R^2	0.790	0.839	0.856	0.744	0.844
税收优惠	−0.004** （0.002）	0.005 （0.007）	−0.003 （0.002）	0.000 （0.003）	−0.003 （0.004）
政绩考核	0.012 （0.013）	0.014 （0.032）	−0.008 （0.010）	0.072 （0.047）	0.037 （0.053）
税收优惠* 政绩考核	0.003 （0.002）	0.006 （0.008）	0.003 （0.003）	0.008 （0.005）	0.008 （0.007）
常数项	0.183*** （0.001）	1.409* （0.766）	0.407* （0.242）	2.794*** （0.443）	3.183*** （0.748）
观测值	248,867	248,876	215,300	248,867	215,300
R^2	0.789	0.843	0.860	0.754	0.846

变量	(1)	(2)	(3)	(4)	(5)
	lngas	lnwater	lndust	lnsmoke	lnds
控制变量	YES	YES	YES	YES	YES
企业固定效应	YES	YES	YES	YES	YES
时间固定效应	YES	YES	YES	YES	YES

7.2.3　异质性检验

7.2.3.1　企业所有制

表 7.5 汇报了政绩考核和政府补贴、税收优惠对外资企业、本土企业样本中的回归检验结果。第（1）列是政府补贴和政绩考核针对外资企业样本中的回归结果，其中交互项回归系数为-0.126，因此政绩绩效考核强化了政府补贴对外资企业污染排放强度的负向作用；第（2）列是针对本土企业样本中的回归结果，交互项回归系数为-0.295，并且在 1% 的显著性水平上显著，因此随着国家逐步重视环境保护、加大对地方政府环境政绩考核，政府补贴增强了降低本土企业的污染排放强度的作用；第（3）列是税收优惠和政绩考核针对外资企业样本中的回归结果，其中交互项回归系数不显著，因此政绩绩效考核并不会影响税收优惠对外资企业污染排放强度的作用。第（4）列是针对本土企业样本中的回归结果，交互项回归系数为-0.059，并且在 1% 的显著性水平上显著，因此随着国家逐步重视环境保护、加大对地方政府环境政绩考核，税收优惠增强了降低本土企业的污染排放强度的作用。

表7.5 政绩考核对产业政策的环境绩效分样本检验

变量	(1)	(2)	(3)	(4)
	lnSO$_2$	lnSO$_2$	lnSO$_2$	lnSO$_2$
	外资	本土	外资	本土
政府补贴	0.019*** (0.006)	-0.008** (0.004)		
政府补贴*政绩考核	-0.126*** (0.035)	-0.295*** (0.024)		
税收优惠			0.002 (0.002)	-0.001 (0.002)
税收优惠*政绩考核			0.014 (0.012)	-0.059*** (0.011)
政绩考核	1.005*** (0.163)	2.704*** (0.144)	0.970*** (0.163)	2.797*** (0.155)
常数项	3.885*** (0.271)	7.639*** (0.271)	3.773*** (0.273)	7.513*** (0.296)
控制变量	YES	YES	YES	YES
企业固定效应	YES	YES	YES	YES
时间固定效应	YES	YES	YES	YES
观测值	59, 463	235, 604	51, 232	194, 139
R^2	0.862	0.823	0.857	0.825

　　表7.6汇报了政绩绩效考核和政府补贴、税收优惠对国有企业、私营企业样本中的回归检验结果。第（1）列是政府补贴和政绩考核针对国有企业样本中的回归结果，其中交互项回归系数为-0.159，在1%显著性水平上显著，随着政绩考核对环境重视程度增加，政府补贴对国有企业二氧

化硫污染排放强度的减排作用加强；第（2）列是针对私营企业样本中的回归结果，交互项回归系数为-0.329，并且在1%显著性水平上显著，因此随着国家逐步重视环境保护、加大对地方政府环境政绩考核，政府补贴增强了降低私营企业的污染排放强度的作用；第（3）列是政绩考核与税收优惠针对国有企业样本中的回归结果，其中交互项回归系数-0.033，但没有通过显著性检验，因此政绩考核对国有企业污染排放强度影响甚微；第（4）列是针对私营企业样本中的回归结果，交互项回归系数为-0.060，且在1%显著性水平上显著，因此环境绩效考核强化了税收优惠对私营企业的污染排放强度的作用。

表7.6 政绩考核对产业政策的环境绩效分样本检验

变量	（1）	（2）	（3）	（4）
	$lnSO_2$	$lnSO_2$	$lnSO_2$	$lnSO_2$
	国有	私营	国有	私营
政府补贴	-0.010 （0.007）	-0.002 （0.005）		
政府补贴 * 政绩考核	-0.159*** （0.043）	-0.329*** （0.032）		
税收优惠			0.006* （0.003）	-0.004 （0.002）
税收优惠 * 政绩考核			-0.033 （0.021）	-0.060*** （0.015）
政绩考核	0.213*** （0.018）	0.175*** （0.015）	0.211*** （0.019）	0.180*** （0.016）
常数项	7.037*** （0.459）	7.975*** （0.367）	7.272*** （0.507）	7.574*** （0.398）
控制变量	YES	YES	YES	YES

变量	（1）	（2）	（3）	（4）
	$\ln SO_2$	$\ln SO_2$	$\ln SO_2$	$\ln SO_2$
企业固定效应	YES	YES	YES	YES
时间固定效应	YES	YES	YES	YES
观测值	89,273	140,673	75,054	113,592
R^2	0.846	0.822	0.846	0.824

表 7.7 汇报了政绩考核和政府补贴、税收优惠对大型和中小型企业样本中的回归检验结果。第（1）列和第（3）列是政府补贴与政绩考核、税收优惠与政绩考核针对大型企业样本中的回归结果，交互项回归系数均不显著，环境绩效考核重视程度增加，政府补贴对大型企业二氧化硫污染排放强度的作用不明显；第（2）列和第（4）列是针对中小型企业样本中的回归结果，政府补贴与环境绩效交互项回归系数为 -0.035，并且在 1% 的显著性水平上显著，因此随着国家逐步重视环境保护、加大对地方政府环境政绩考核，强化了政府补贴降低中小型企业的污染排放强度的作用，税收优惠和环境绩效考核交互项回归系数为 -0.006，在 10% 水平上通过显著性检验，因此政绩考核加强，更多影响了中小企业的环境绩效。中央政府在政绩考核中加入对环境考核要求，但是地方政府在竞争中仍然偏好于经济竞争，而大型企业往往是当地经济主力，因此环境约束效果不佳（詹新余，2019），地方政府在环境规制竞争中存在"搭便车"行为（张彩云等，2018），这种治理措施对大型企业约束较小。

表 7.7 政绩考核对产业政策的环境绩效分样本检验

变量	（1）$\ln SO_2$ 大型	（2）$\ln SO_2$ 中小型	（3）$\ln SO_2$ 大型	（4）$\ln SO_2$ 中小型
政府补贴	0.008 (0.009)	−0.018*** (0.004)		
政府补贴 * 政绩考核	−0.005 (0.016)	−0.035*** (0.006)		
税收优惠			0.003 (0.005)	−0.007*** (0.002)
税收优惠 * 政绩考核			0.011 (0.007)	−0.006* (0.003)
政绩考核	0.145*** (0.024)	0.180*** (0.010)	0.155*** (0.026)	0.195*** (0.010)
常数项	4.235*** (0.613)	3.575*** (0.198)	4.249*** (0.714)	1.351*** (0.053)
控制变量	YES	YES	YES	YES
企业固定效应	YES	YES	YES	YES
时间固定效应	YES	YES	YES	YES
观测值	19,967	255,203	17,110	212,278
R^2	0.904	0.828	0.896	0.819

7.2.3.2 地方政府财政压力异质性

参考曹春方等（2014）和曹婧等（2019）计算各省财政压力，根据各省财政压力不同，按照财政压力中位数分为两组。表 7.8 报告了样本中分组回归结果，在财政压力小的样本中，政绩考核与政府补贴、政绩考核与税收优惠的回归系数显著为负，因此合理的政绩考核机制能够强化产业政策对于企业污染排放的减排效应，而在财政压力大的样本中，无论是政府补贴工具还是税收优惠工具，政绩考核机制都难以发挥有效作用。可能的原因在于地方政府财政压力越大，越有动机通过政府扶持能够带来经济增长与财政收入的企业和行业，因此企业也难以有效做出减排决策，而财政压力小的地方更多谋求经济发展转型，同时也有经济后盾扶持环保型产业，对企业购买减排设备、引进清洁技术予以财政扶持，而财政压力大的地方，地方政府更偏好于经济快速发展和财政收入增加。

表 7.8 政绩考核对产业政策的环境绩效分样本检验

变量	（1）	（2）	（3）	（4）
	$\ln SO_2$	$\ln SO_2$	$\ln SO_2$	$\ln SO_2$
	大	小	大	小
政府补贴	0.001 (0.008)	0.041*** (0.008)		
政府补贴 * 政绩考核	0.004 (0.063)	−0.526*** (0.049)		
税收优惠			−0.004 (0.003)	−0.005*** (0.002)
税收优惠 * 政绩考核			−0.009 (0.027)	−0.023** (0.011)
政绩考核	2.302*** (0.241)	1.835*** (0.220)	2.400*** (0.251)	1.777*** (0.159)
常数项	6.180*** (0.461)	6.989*** (0.331)	6.362*** (0.492)	6.442*** (0.264)
控制变量	YES	YES	YES	YES

变量	(1)	(2)	(3)	(4)
	$lnSO_2$	$lnSO_2$	$lnSO_2$	$lnSO_2$
	大	小	大	小
企业固定效应	YES	YES	YES	YES
时间固定效应	YES	YES	YES	YES
观测值	147，005	146，526	120，869	124，145
R^2	0.807	0.828	0.810	0.825

7.3　环境治理与产业政策的合力效应

7.3.1　回归结果与分析

考察在计量模型式（5.2）基础上引入环境治理变量，第（1）列和第（2）列政府补贴的回归系数为-0.02，在1%水平上通过显著性检验，税收优惠回归系数为-0.004，在1%水平上通过显著性检验，说明了控制环境治理变量后，政府补贴和税收优惠能够显著降低企业环境污染强度；第（1）列环境治理变量的回归系数为-0.046，在5%显著性水平上显著，第（2）列环境治理变量的回归系数为-0.055，在5%水平上通过显著性水平检验，因此环境规制对企业环境污染排放强度起到了负向降低作用。

根据本章计量模型式（7.2），第（3）列和第（4）列引入环境治理与政府补贴、环境治理与税收优惠的交互项，检验环境治理对产业政策环境绩效的交互效应。在控制企业个体固定效应和时间固定效应之后，政府补贴与环境治理的交互项系数为-0.215，在1%水平上显著为负，因此环境治理强化了政府补贴对企业环境绩效的改善作用，并且这种改善效应会随着环境治理的增加而加强；税收优惠与环境规制的交互项回归系数在1%显著性水平上显著为负，因此环境治理强化了税收优惠对企业污染排放强度的减排效应，并且这一减排效应会随着环境治理的增加而加强。在经济转型背景下，环境规制与产业政策的交互效应显著为负，证明了环境治理政策与产业扶持政策的"政策组合拳"能够有效降低企业环境污染排放强度，改善企业环境绩效。

表 7.9 环境治理对产业政策实施效果的回归结果

变量	（1） $lnSO_2$	（2） $lnSO_2$	（3） $lnSO_2$	（4） $lnSO_2$
政府补贴	-0.020*** (0.003)		-0.015*** (0.004)	
税收优惠		-0.004*** (0.002)		-0.003** (0.002)
政府补贴 * 环境治理			-0.215*** (0.044)	
税收优惠 * 环境治理				-0.043*** (0.017)
市场型环境治理	-0.046** (0.022)	-0.055** (0.028)	-0.083** (0.033)	-0.053* (0.028)
常数项	4.451*** (0.169)	4.284*** (0.184)	4.462*** (0.169)	4.317*** (0.184)
控制变量	YES	YES	YES	YES
企业固定效应	YES	YES	YES	YES
时间固定效应	YES	YES	YES	YES
观测值	289，495	239，970	289，495	239，970

变量	(1)	(2)	(3)	(4)
	$\ln SO_2$	$\ln SO_2$	$\ln SO_2$	$\ln SO_2$
R^2	0.818	0.821	0.818	0.821

7.3.2 稳健性检验

7.3.2.1 变换被解释变量

根据中国工业污染数据库提供企业其他污染排放物计算工业废气、工业废水、工业粉尘、工业烟尘、工业烟(粉)尘和化学需氧量排放强度作为被解释变量,对式(7.2)进行回归估计。估计结果显示见表7.10,政府补贴与环境治理的交互项回归系数对工业废气、工业废水、工业烟尘、工业烟(粉)尘、化学需氧量污染排放强度的回归系数分别为-0.139、-0.118、-0.119、-0.125、-0.128,且在1%水平上通过显著性检验,对工业粉尘的交互项回归系数不显著,因此随着环境治理加强,强化了政府补贴降低企业工业废气、工业废水、工业烟尘、工业烟(粉)尘、化学需氧量的排放强度的作用。

表 7.10 政府补贴与环境规制的交互项对其他污染排放物的检验结果

变量	(1)	(2)	(3)	(4)	(5)	(6)
	lngas	lnwater	lndust	lnsmoke	lnds	lncod
政府补贴	0.001 (0.002)	-0.006 (0.004)	-0.096*** (0.004)	-0.011*** (0.004)	-0.089*** (0.005)	0.009*** (0.003)
环境治理	-0.012 (0.011)	0.163*** (0.026)	0.083*** (0.026)	-0.057** (0.024)	0.013 (0.031)	0.101*** (0.020)

续表

变量	（1）	（2）	（3）	（4）	（5）	（6）
	lngas	lnwater	lndust	lnsmoke	lnds	lncod
政府补贴 * 环境治理	−0.139*** （0.015）	−0.118*** （0.036）	−0.020 （0.035）	−0.119*** （0.032）	−0.125*** （0.042）	−0.128*** （0.028）
常数项	0.702*** （0.082）	1.170*** （0.193）	−0.275 （0.204）	3.617*** （0.172）	3.135*** （0.242）	1.378*** （0.147）
控制变量	YES	YES	YES	YES	YES	YES
企业固定效应	YES	YES	YES	YES	YES	YES
时间固定效应	YES	YES	YES	YES	YES	YES
观测值	289,495	289,480	252,028	289,495	252,028	289,480
R^2	0.789	0.835	0.854	0.741	0.844	0.785

表 7.11 汇报了税收优惠与环境治理的交互项对化学需氧量的回归系数为−0.048 且在 1%水平上通过显著性检验；对其他污染排放物的污染排放强度回归系数不显著。从回归结果解读，随着环境规制加强，强化了税收优惠对化学需氧量的污染排放强度的影响。可能的原因在于，"十五"和"十一五"规划主要将二氧化硫和化学需氧量的排放污染作为约束性目标，而企业则选择性进行污染排放的行为，增加对二氧化硫和化学需氧量的减排设备从而减少了主要污染排放物。

表 7.11　税收优惠与环境规制交互项对其他污染排放物的检验结果

变量	（1）	（2）	（3）	（4）	（5）	（6）
	lngas	lnwater	lndust	lnsmoke	lnds	lncod
税收优惠	−0.003** （0.001）	0.000 （0.006）	−0.005 （0.004）	−0.002 （0.004）	−0.008 （0.006）	−0.006*** （0.001）

变量	(1)	(2)	(3)	(4)	(5)	(6)
	lngas	lnwater	lndust	lnsmoke	lnds	lncod
税收优惠* 环境治理	0.028 (0.018)	0.091 (0.080)	0.135 (0.095)	0.032 (0.047)	0.144 (0.106)	-0.048*** (0.015)
常数项	0.174*** (0.001)	0.902*** (0.012)	0.255*** (0.007)	0.404*** (0.008)	0.608*** (0.009)	0.327*** (0.002)
控制变量	YES	YES	YES	YES	YES	YES
企业固定效应	YES	YES	YES	YES	YES	YES
时间固定效应	YES	YES	YES	YES	YES	YES
观测值	241, 431	241, 431	208, 102	241, 431	208, 102	241, 431
R^2	0.789	0.840	0.857	0.750	0.845	0.786

7.3.2.2 变换环境规制变量

采用各省环境信访人员数表征公众型环境治理作为稳健性检验,被解释变量选取二氧化硫和化学需氧量污染排放强度。回归结果见表 7.12。在固定企业固定效应和时间固定效应后,第(1)列和第(2)列政府补贴与公众型环境规制对企业二氧化硫污染排放强度交互项回归系数为-0.043,在 1%水平上通过显著性检验,政府补贴与公众型环境规制对企业化学需氧量污染排放强度回归系数为-0.018,并且在 5%显著性水平上显著,因此随着公众对环境关注度上升,强化了政府补贴对企业二氧化硫污染排放强度和化学需氧量染排放强度的负向作用;第(3)列和第(4)税收优惠与公众型环境规制交互项回归系数均显著,分别为-0.022 和-0.015,且均通过了 1%水平的显著性检验,因此随着公众对环境关注度上升,强化了税收优惠对企业二氧化硫污染排放强度和化学需氧量的负向作用。综上,产业政策与公众型环境规制政策组合效果改善了企业的环境绩效。

表 7.12　产业政策和公众型环境规制交互项对企业污染排放强度的检验结果

变量	（1）lnSO₂	（2）lncod	（3）lnSO₂	（4）lncod
政府补贴	-0.021 * * * （0.003）	0.006 * * （0.003）		
税收优惠			-0.006 * * * （0.002） -0.006 * * * （0.001）	
环境规制	0.011 * （0.006）	0.004 （0.006）	0.032 * * * （0.006）	0.012 * * （0.006）
政府补贴 * 环境规制	-0.043 * * * （0.009）	-0.018 * * （0.008）		
税收优惠 * 环境规制			-0.022 * * * （0.005）	-0.015 * * * （0.004）
常数项	4.348 * * * （0.169）	1.054 * * * （0.146）	4.173 * * * （0.184）	1.332 * * * （0.168）
控制变量	YES	YES	YES	YES
企业固定效应	YES	YES	YES	YES
时间固定效应	YES	YES	YES	YES
观测值	290，090	290，079	240，812	240，818
R²	0.818	0.786	0.820	0.787

采用各省环境科技人员和环保科技工作业务费支出对数表示技术型环境治理作为稳健性检验，回归结果见表 7.13。其中第（1）列和第（2）列为技术型环境规制与政府补贴的回归结果，第（3）列和第（4）列为技

术型环境规制与税收优惠的交互项。在固定企业固定效应和时间固定效应后，第（1）列和第（2）列政府补贴与技术型环境科技人员交互项回归系数为-0.221，政府补贴与科技型工作业务支出回归系数为-0.008，并且在1%水平上通过显著性检验，因此随着政府从事环境科技人员的增加和环保科技业务费用支出的增加，与政府补贴对企业减排行为形成合力效应。第（3）列税收优惠与技术型环境科技人员交互项回归系数为-0.017，在5%水平上通过显著性检验，第（4）列税收优惠与科技型工作业务支出交互项回归系数为-0.005，在1%水平上通过显著性检验，因此随着政府从事环境科技人员的增加和环保科技业务费用支出的增加，强化了税收优惠对企业二氧化硫污染排放强度的负向作用。综上，产业政策与技术型环境政策组合效果改善了企业的环境绩效，技术型环境政策不仅扶持了相关企业，环境政策的外溢效应还惠及了其他企业。

表 7.13　产业政策和技术型环境规制交互项对企业 SO_2 污染排放强度的检验结果

变量	(1) $lnSO_2$	(2) $lnSO_2$	(3) $lnSO_2$	(4) $lnSO_2$
政府补贴	-0.086*** (0.011)	-0.020*** (0.003)		
税收优惠			-0.014*** (0.003)	-0.006*** (0.002)
技术人员	0.022 (0.024)		0.093*** (0.011)	
政府补贴*科技人员	-0.221*** (0.031)			
税收优惠*科技人员			-0.017** (0.007)	
科技支出		-0.005*** (0.002)		0.000 (0.002)

变量	（1）	（2）	（3）	（4）
	$lnSO_2$	$lnSO_2$	$lnSO_2$	$lnSO_2$
政府补贴＊科技支出		−0.008＊＊＊ （0.002）		
税收优惠＊科技支出				−0.005＊＊＊ （0.001）
常数项	3.693＊＊＊ （0.202）	4.619＊＊＊ （0.170）	0.821＊＊＊ （0.036）	4.409＊＊＊ （0.185）
控制变量	YES	YES	YES	YES
企业固定效应	YES	YES	YES	YES
时间固定效应	YES	YES	YES	YES
观测值	187，496	289，094	149，146	239，998
R^2	0.845	0.818	0.845	0.820

7.3.3　异质性检验

7.3.3.1　企业所有制异质性

表7.14展示了式（7.2）在控制了企业固定效应和时间固定效应的基础上，纳入政府补贴、税收优惠与环境规制变量针对本土和外资企业分样本中的回归检验结果。从表7.14中第（1）列和第（2）列可以看出，政府补贴与环境规制的交互项在外资企业样本中和本土企业样本中的回归系数均在1%水平上显著为负，这表明，环境规制强化了政府补贴对于本土企业和外资企业降低二氧化硫污染排放强度的正向激励作用。第（3）列税收优惠和环境规制的交互项回归系数为−0.033，但是不显著，环境规制

程度没有影响税收优惠对于外资企业二氧化硫污染排放强度的作用。第
（4）列税收优惠和环境规制的交互项系数为-0.061，在1%显著性水平上
显著，环境规制程度不同强化了税收优惠对本土企业降低污染排放强度的
作用。不同企业所有制差异性影响了政府补贴和税收优惠对微观企业减排
行为复杂激励的重要机制。

表 7.14 产业政策和环境规制交互项对不同所有制企业污染排放强度的检验结果

变量	(1) $lnSO_2$ 外资	(2) $lnSO_2$ 本土	(3) $lnSO_2$ 外资	(4) $lnSO_2$ 本土
政府补贴	0.027*** (0.009)	0.002 (0.006)		
税收优惠			0.006* (0.003)	-0.001 (0.003)
环境规制	-0.290*** (0.055)	-0.031 (0.026)	-0.198*** (0.057)	-0.005 (0.032)
政府补贴 * 环境规制	-0.203*** (0.067)	-0.218*** (0.036)		
税收优惠 * 环境规制			-0.033 (0.024)	-0.061*** (0.020)
常数项	2.859*** (0.234)	4.463*** (0.210)	2.943*** (0.238)	4.261*** (0.232)
控制变量	YES	YES	YES	YES
企业固定效应	YES	YES	YES	YES
时间固定效应	YES	YES	YES	YES
观测值	56,400	231,455	48,203	190,159

变量	(1)	(2)	(3)	(4)
	$lnSO_2$	$lnSO_2$	$lnSO_2$	$lnSO_2$
	外资	本土	外资	本土
R^2	0.853	0.810	0.846	0.813

表 7.15 展示了式（7.2）中在控制了企业固定效应和时间固定效应的基础上，纳入政府补贴、税收优惠与环境规制变量针对本土国有和私营企业分样本中的回归检验结果。从表 7.15 中第（1）列和第（2）列可以看出，政府补贴与环境规制的交互项在国有企业样本中和私营企业样本中的回归系数均在 1% 水平上显著为负，这表明，环境规制强化了政府补贴对于国有企业和私营企业降低二氧化硫污染排放强度的正向激励作用。第（3）列税收优惠和环境规制的交互项回归系数为 -0.005，但是不显著，环境规制程度没有影响税收优惠对国有企业降低污染排放强度的作用，这可能是国有企业与政府关系更密切，政府倾向于在环境规制方面稍微放松要求以谋求经济发展。国有企业更多承担了国家政策性任务，以及国有企业存在结构欠佳、机制僵化、体制约束等问题（何瑛和杨琳，2021）。第（4）列税收优惠和环境规制的交互项回归系数为 -0.071，并且在 1% 显著性水平上显著，因此随着环境规制加强，税收优惠对于私营企业二氧化硫污染排放强度的作用会增强。以上研究进一步证实了，不同企业所有权差异性、政府与企业之间的关系很大程度上导致形成了政府补贴和税收优惠对微观企业减排行为复杂激励的重要机制。

表 7.15 产业政策和环境规制交互项对本土企业污染排放强度的检验结果

变量	（1）	（2）	（3）	（4）
	$\ln SO_2$	$\ln SO_2$	$\ln SO_2$	$\ln SO_2$
	国有	私营	国有	私营
政府补贴	0.009 （0.010）	−0.007 （0.008）		
税收优惠			−0.000 （0.005）	−0.002 （0.004）
环境规制	−0.072 （0.053）	−0.051 （0.032）	−0.144** （0.067）	0.010 （0.039）
政府补贴 * 环境规制	−0.279*** （0.072）	−0.148*** （0.044）		
税收优惠 * 环境规制			−0.005 （0.038）	−0.071*** （0.024）
常数项	3.704*** （0.359）	5.316*** （0.292）	3.512*** （0.402）	5.013*** （0.319）
控制变量	YES	YES	YES	YES
企业固定效应	YES	YES	YES	YES
时间固定效应	YES	YES	YES	YES
观测值	97,873	127,904	82,509	102,073
R^2	0.832	0.813	0.834	0.814

7.3.3.2 地区异质性

按照地区财政压力大小，分为财政压力大和财政压力小两组。从表 7.16 中可以看出，第（1）列政府补贴与环境规制的交互项在财政压力大的样本中的回归系数为 0.076，没有通过显著性检验；第（2）列政府补贴与环境规制的交互项回归系数在财政压力小的样本中回归系数为 -0.689，说明环境规制强弱程度对政府补贴对财政压力小的地区的影响更显著；第（3）列税收优惠和环境规制的交互项回归系数在财政压力大的一组为 -0.008，没有通过显著性检验；第（4）列税收优惠和环境规制的交互项回归系数在财政压力小的一组为 -0.070，且在 1% 显著性水平上显著，所以随着环境规制程度加强，强化了税收优惠对财政压力小的样本中企业降低污染排放强度的作用。以上研究进一步证实了，环境规制程度对于政府补贴和税收优惠在不同财政压力地区的交互作用不尽相同，环境规制强化了政府补贴和税收优惠政策在财政压力小的样本中对企业环境绩效的改善作用，而在财政压力较大的地区环境规制与产业政策较难发挥政策组合拳的作用，因此环境规制没有影响产业政策的作用方向。因此各地区财政压力影响产业政策实施效果。

表 7.16　产业政策和环境规制交互项对不同地区企业污染排放强度的检验结果

变量	（1）	（2）	（3）	（4）
	$\ln SO_2$	$\ln SO_2$	$\ln SO_2$	$\ln SO_2$
	大	小	大	小
政府补贴	0.005 （0.006）	-0.003 （0.004）		
政府补贴 * 环境规制	0.076 （0.048）	-0.689*** （0.046）		
税收优惠			0.002 （0.003）	-0.002 （0.002）
税收优惠 * 环境规制			-0.008 （0.033）	-0.070*** （0.020）
环境规制	-0.047 （0.031）	-0.151*** （0.047）	-0.093** （0.039）	0.023 （0.052）

变量	（1）	（2）	（3）	（4）
	$lnSO_2$	$lnSO_2$	$lnSO_2$	$lnSO_2$
	大	小	大	小
常数项	2.345*** （0.290）	5.680*** （0.206）	2.324*** （0.326）	5.397*** （0.221）
控制变量	YES	YES	YES	YES
企业固定效应	YES	YES	YES	YES
时间固定效应	YES	YES	YES	YES
观测值	120，244	160，608	95，684	135，941
R^2	0.826	0.849	0.828	0.850

7.4 小结

本章将央地政府互动关系、产业政策纳入统一分析框架，讨论其对企业环境绩效的影响，分别从政绩考核和环境治理程度探讨了其对政府补贴和税收优惠政策的影响。主要研究结论：

第一，地方政府面临的经济激励和政治激励，有可能抑制企业环境绩效提升，而合理的政绩考核对地方政府补贴和税收优惠政策发挥了正向的激励效应，有利于产业政策对企业污染排放强度的负向作用；考虑所有制差异的情况下，政绩考核对政府补贴影响外资和本土企业环境绩效均具有显著的负向调节效应，税收优惠影响企业环境绩效的负向调节效应，在本土企业尤其是私营企业较为显著。

第二，地方环境治理与产业政策组合拳更有利于企业的减排效应，经过替换被解释变量、其他环境治理类型发现，核心结论依然成立，政府环境治理可以有效发挥市场排污费价格机制，公众对环境的监督效应，环保技术投入能够有效提升企业的环境绩效；地方政府对中央政府政绩考核和宏观调控的反应不一，地方政府在环境治理的努力程度也不同，相对于财政压力大的地区，中央政府对地方政府的政绩考核的影响力在财政压力小的地方更能发挥激励作用。

8 研究结论与政策启示

8.1 研究结论

本书利用 1998—2007 年中国工业企业数据库和中国企业污染数据库匹配的微观数据，首次从微观层面系统评估了产业政策的环境效应。在理论层面上，本书尝试构建"有效市场"＋"有为政府"的分析框架研究产业政策的环境效应。首先，从理论模型和机理分析提出产业政策通过规模效应、创新效应和结构效应影响污染排放这一基础性理论假说。其次，本书从政策效应取决于制度环境、制度供给与政策实施之间的动态关系视角出发，从学理上分析了政府与市场不是简单的非此即彼关系，产业政策与竞争开放的市场机制能够有效发挥协同互补效应。再次，本书从中国产业政策实施的制度背景出发刻画了产业政策制定与实施过程中，中央和地方政府互动博弈如何影响了宏观调控经济发展与环境保护。中央政府基于全局的掌控与判断，根据发展目标和发展阶段，通过适当的制度激励调控地方政府；地方政府面对政治和经济激励，通过各种政策工具组合调整自身的行为以谋求利益最大化，制度供给与政策供给的动态关系影响了产业政策的实效。

在实证层面上，本书以政府补贴和税收优惠作为主要研究对象，利用 1998—2007 年中国企业的微观数据优势，构造相对外生的政策变量作为核心解释变量。从微观层面检验了产业政策的政策效果及其传导渠道和影响机制，市场机制与央地关系又如何影响了政策实施效果。具体结论如下：

（1）政府补贴、税收优惠平均降低了企业的污染排放强度，经过一系列稳健性检验后发现，基准回归结果依然稳健。本书还从企业层面、行业层面和地区层面进行了异质性检验，研究发现：①政府补贴、税收优惠对二氧化硫、工业废气、工业废水、工业粉尘、工业烟尘、工业烟（粉）尘排放量和化学需氧量污染排放强度具有显著的负向作用，即产业政策通过政府补贴和税收优惠政策工具有助于提高企业环境污染绩效；经过控制不同固定效应、改变随机误差项聚类层级、变换解释变量、工具变量、Heckman 两阶段回归等一系列稳健性检验，与基准回归结果的符号一致，并且通过显著性检验。②考虑到所有制类型这个重要异质性因素，产业政策有助于本土企业降低污染排放强度尤其是私营企业的排放强度；产业政策有利于中小型企业和非出口企业的环境绩效；产业政策有利于缓解融资约束，对于融资能力弱的企业，产业政策的减排效应更明显；产业政策促进了企业的创新，因此创新能力强的企业环境绩效更显著。③行业具有不同的资本密集度和污染密集度，政府补贴和税收优惠对于行业资本密集度高的企业，其政策效果更显著，同时更有利于污染密集度低的企业减排。④产业政策实施具有显著的地区差异性，相对于中西部地区企业，政府补贴和税收优惠对于东部企业的环境绩效作用更强。⑤产业政策通过规模效应、创新效应和结构效应渠道影响了企业的环境绩效，从产业政策离散度视角来看，普惠性的产业政策对于企业污染排放强度影响更明显。本书还从微观视角识别产业政策在绿色发展方面更有效的实施方式，政策扶持对象普惠性越强，对企业污染排放强度的作用越显著，政策分散化程度根据行业污染密度分类实施。

（2）从政府与市场关系来看，市场化与产业政策之间存在互补关系。在市场化程度较高的地区，其法律制度相对完备，从而有效维持了市场机制的运转。市场可以在资源配置中发挥主导作用，有为政府依据因势利导原则为相应产业发展提供必要的激励，为产业发展提供有效的服务，政府"看得见的手"与市场"看不见的手"有机统一。研究结论表明，市场化程度越高的地方，产业政策对企业环境绩效的促进效应越强，对外开放程度越高的地区，产业政策对企业环境绩效的促进作用越强。产业政策与市场之间不是替代关系，而是协同互补关系，产业政策发挥积极作用是可能的，这种可能性取决于市场机制在资源配置中的决定性作用。研究发现：①市场竞争与产业政策、对外开放与产业政策存在显著的协同互补效应，经过一系列稳健性检验结论依然稳健，协同互补效应降低了企业污染排放的强度。②随着市场竞争加强，强化了政府补贴对降低企业环境污染强度的负向作用，说明竞争性的市场提高了政府补贴的政策效率；市场竞争同样强化了税收优惠对本土尤其是私营企业的环境绩效。③对外开放有利于产业政策影响对本土企业和中小型企业的减排效应。因此推进市场化进程和地区开放程度，有利于本土企业尤其是国有企业的环境绩效。

（3）从央地关系视域下，中央政府通过绿色政绩考核等制度供给对地方政府形成强有力的激励效应，纠正地方政府在产业政策实施过程中的行为偏差，强化了产业政策与环境治理政策组合拳的效果。研究发现：①地方政府面临的经济激励和政治激励，有可能抑制企业环境绩效提升，而合理的政绩考核对地方政府补贴和税收优惠政策发挥了正向的激励效应，有利于产业政策对企业污染排放强度的负向作用；考虑到所有制类企业存在差异的情况，政绩考核对政府补贴影响外资和本土企业环境绩效均具有显著的负向调节效应，税收优惠影响企业环境绩效的调节效应在本土企业尤其是私营企业较为显著。②地方环境治理与产业政策组合拳更有利于企业的减排效应，经过替换被解释变量、其他环境治理类型发现，核心结论依然成立，政府环境治理可以有效发挥市场排污费价格机制，公众对环境的监督效应，环保技术投入能够有效提升企业的环境绩效。③地方政府对中央政府政绩考核和宏观调控的反应不一，地方政府对环境治理的努力程度也不同，相对于财政压力大的地区，中央政府对地方政府的政绩考核的影响力在财政压力小的地方更能发挥激励作用。

8.2 政策启示

针对本书的研究结论，提出如下政策建议：

（1）明确产业政策的发展方向，完善政策工具应用。把握产业政策的发展定位，适时调整产业政策的目标。过去的经验表明，产业政策作为重要的宏观经济政策，在促进经济增长、吸引外资、产业培育和促进出口等诸多方面发挥了至关重要的积极作用。在经济发展转向高质量发展阶段，产业政策的政策功能在承前基础上要积极探索和适时调整符合新形势下高质量发展的要求。研究结论证实了产业政策具有"环保效应"，因此在政策实践中，要提高产业的质量，推动经济高质量发展，充分发挥产业规划的导向作用，完善绿色制造发展规划，提升产业的绿色效率。绿色制造是系统性、长期性、战略性的发展过程，因此政府应围绕"五年规划"与"双碳"目标，整体规划制造业产业链。地方政府应依托本地区资源禀赋、产业结构特征，因势利导规划区域产业发展的路线图、扶持符合本地优势的环保产业，促进产业绿色化转型发展。

加快产业政策转型升级，发挥政府补贴和税收优惠的积极作用。中国进入发展速度调档、经济结构转型、发展动能转换的新时期，需要传统产业升级与新兴产业培育相结合，推动产业高级化和绿色化发展，迫切需要政策工具转型升级。功能性产业政策也可以采取政府补贴和税收优惠等政策手段，引导企业在生产过程中对环境治理投资，用于企业清洁技术基础性研发、绿色技术提升和环保科技投入。选择性产业政策与功能性产业政策工具本身不存在好坏之分，关键在于政策如何应用。选择性产业可以在遵循市场机制决定性作用的基础上，发挥中国特色社会主义新型举国体制优势，聚焦攻克环保高科技。同时，重视功能性产业政策在维护市场竞争、营造产业发展外部环境方面的重要作用。

（2）找准产业政策的发力点，发挥政策的引领效应。增强大型国有企业的绿色竞争力，关注对民营和中小型企业的产业扶持政策。研究结论发现，相较于国有大型企业，产业政策对于民营企业和中小型企业的激励效果更显著。深化国有企业改革，强化对国有企业进行绿色低碳生产评估考核，健全对国有企业在绿色生产方面人才与技术配套服务，注重国有大型企业知识产权保护，增强国有企业绿色创新的内在动力。2018年年末中国私营企业法人单位占比达到84.1%，私营和中小企业同样是实现减排目标的重要力量，因此强化对民营企业的政策帮扶有助于全面打赢防污染攻坚战，尤其是破除对民营企业在争取政府产业扶持的歧视，清除制约民营企业发展的各种壁垒。通过减税降费加大对民营企业的政策帮扶和创新补贴。优化民营经济发展环境，进一步放宽民营企业市场准入，降低准入门槛，建立透明、平等的政企沟通机制。

重视产业政策的引领导向作用，培育、壮大新兴环保产业。通过政策供给升级，引导生物技术、节能环保、新能源等产业快速发展，加强绿色技术创新溢出与扩散。政府要制定更加合理的产业政策体系，优化产业政策供给制度和配套措施；探索产业政策与环境政策的结合，促进生产过程绿色化转变，构建符合中国国情的绿色产业政策体系。相关部门要提供更为具体、可行的配套方案，保障产业政策的有效落实，规范和引导企业绿色生产；相关监管部门在产业政策执行过程中，要提高政策和信息的透明度，改善政府与企业之间信息不对称的现象，确保政策落实到位，提高政策实施效率。政府应该与受政策资助的企业保持密切联系，及时获取企业落实政策的相关情况，建立产业政策信息披露制度，尤其是关于产业政策资金分配、使用以及后续追查的制度。

（3）集成市场优势与政府优势，完善政策制定与执行的制度建设。尊重市场规律是产业政策制定的基础逻辑。从产业政策实施的空间看，中国市场经济发展仍处于不充分、不平衡的状态，市场公平竞争秩序有待完善，产业政策有效性需要尊重市场资源配置要素的决定性作用。加快建设高标准市场体系，健全市场体系基础制度，坚持平等准入、公正监督、开放有序、诚实守信，形成高效规范、公平竞争的国内统一市场。产业政策实施需要根据经济与政治环境进行调整，充分发挥市场机制对资源配置的决定性作用，因此加快完善市场经济体制建设尤其是中西部地区市场化进程，能够有效提升产业政策的效果，发挥产业政策对产业发展方向和资源优化配置的引导作用。产业政策通过目标产业设置和相应针对性的配套政策支持，能够有效引导市场生产性资源由传统煤炭化工产业等重污染产业向绿色环保等战略性新兴产业转移，实现资源的优化再配置。产业政策应科学应用"增长甄别"和"因势利导"的原则，注重不同地区的发展基础及其差异化特征，着力优化产业政策的差异化实施环境。中西部等欠发达地区要兼顾发展和环境保护，为承接产业、发展绿色产业奠定良好的基础，同时在法治建设、公共服务、公共资源配置等方面发力，提升政策运行效率。政府要坚持推动高水平对外开放的政策，不断推动中国开放型经济从东部沿海向中西部地区广大腹地延伸与拓展，加快对外开放新格局，通过"一带一路"倡议为中西部地区开辟更多通道，创造更多的开放机会和合作平台。

完善中央政府产业政策制定和执行机制，加强市场和政府、中央和地方政府之间的协调。中央政府要重视和完善预期管理，积极主动参与全球低碳经济发展，增强国际绿色竞争力，加强宏观经济监测预警能力，全面提升宏观经济治理能力。转变中央政府对地方政府的激励机制，注重发展质量、优化经济结构、环境保护等质量指标考核体系，从着眼于经济发展的短期考核转型为可持续发展的中长期绩效指标。政府在制定各类产业政策时应充分考虑在落实产业政策时与其他政策的协同与互补，降低地方政府在落实产业政策过程中的总成本，矫正落实产业政策过程中的激励扭曲，降低政策资源的错配程度。产业政策在倾向于环境目标时可能对地方经济发展形成短期冲击，因此需要中央政府提供积极财政转移支付、社会保障等方面的配套支持，在绿色环保产业政策方面加大对中西部地区的政策扶持力度。同时强化产业政策与环境治理政策的组合效应，促进企业的可支配资金更多地流向企业环保和新技术应用。

8.3　研究展望

在学术界，产业政策始终是一个充满争议的话题，中国产业政策迫切需要转型，本书以此为基础探讨政策效应以及影响机制。由于本书所研究问题的现实性和复杂性，所以存在较多的不足之处，主要表现在以下两个方面：

第一，研究数据的获取受限于工业企业数据库和企业污染数据库样本时间。本书从企业污染排放强度视角研究产业政策的环境效应，探讨产业政策对微观企业生产行为和排放行为的影响。目前中国工业企业污染数据库虽已更新至 2014 年，根据研究对象需要将污染数据库与中国工业企业数据库匹配，但是工业企业数据库 2008 年之后存在较为严重的样本错配、指标异常、样本选择和测度误差等问题，数据质量较差，而且缺失本书所需重要变量的相关数据。虽然上市公司数据样本时间更新，但是上市公司主要是盈利能力更好的企业代表，因此不能较好反映中国工业企业整体情况尤其是工业企业的排放问题。

第二，实证研究对内生性问题的处理方法仍有待完善。内生性问题是经济学实证研究无法回避的问题，也是干扰当前实证研究结论可靠性的重要原因。即使本书已经借鉴现有学者解决内生性问题的普遍做法，采取工具变量、Heckman 两步法等手段解决内生性和样本选择偏误问题，但是也无法完全确保研究结论不受内生性问题干扰。尤其是产业政策是国家宏观调控和实现经济转型的重要手段，为其找到完全符合"外生性"和"相关性"条件的工具变量尤为困难。

未来研究还可以从以下三点进行拓展，首先，继续追踪中国工业企业数据库和中国企业污染数据库的数据更新情况，或收集中国上市公司最新数据进一步检验产业政策的环境效应，在实证方法上，寻找产业政策的准自然实验以期更干净地识别政策的因果关系。其次，进一步拓展理论模型，将产业政策、市场化水平和政府互动关系纳入环境污染模型，更好地分析市场与政府互动关系如何影响政策效果。最后，在衡量环境效应方面，考虑企业投入和产出的情况下采用绿色全要素生产率检验政策的效果。

参考文献

中文专著

［1］江飞涛，等．理解中国产业政策［M］．北京：中信出版集团，2021.

［2］江小涓．经济转轨时期的产业政策：对中国经验的实证分析与前景展望［M］．上海：上海人民出版社，1996.

［3］经济合作与发展组织．环境绩效评价［M］．北京：中国环境科学出版社，2006.

［4］林毅夫，张军，王勇，等．产业政策：总结、反思与展望［M］．北京：北京大学出版社，2018.

［5］刘鹤，杨伟民．中国的产业政策：理念与实践［M］．北京：中国经济出版社，1999.

［6］迈克尔·波特，竹内广高，榊原鞠子．日本还有竞争力吗？［M］．北京：中信出版社，2001.

［7］世界银行．1993年世界发展报告［M］．北京：中国财政经济出版社，1993.

［8］王小鲁，樊纲，胡李鹏．中国分省份市场化指数报告（2018）［M］．北京：社会科学文献出版社，2019.

［9］中国社会科学院工业经济研究所，日本总合研究所．现代日本经济事典［M］．北京：中国社会科学出版社，1982.

［10］小宫隆太郎，奥野正宽，铃村兴太郎．日本的产业政策［M］.

北京：国际文化出版公司，1988.

［11］许成钢．制度在产业政策中的作用［M］//林毅夫，张军，王勇，等．产业政策：总结、反思与展望．北京：北京大学出版社，2018.

［12］周黎安．转型中的地方政府：官员激励与治理［M］．上海：格致出版社，2017.

［13］周叔莲．产业政策问题探索［M］．北京：经济管理出版社，1987.

［14］周振华．产业政策的经济理论系统分析［M］．北京：中国人民大学出版社，1991.

中文译著

［1］埃兹拉·沃格尔．日本的成功与美国的复兴［M］．韩铁英，黄晓勇，刘大洪，译．上海：上海三联书店，1985.

［2］南亮进．日本的经济发展［M］．毕志恒，关权，译．北京：经济管理出版社，1992.

中文期刊

［1］白极星，周京奎．产业政策、异质性与收入效应：基于中国制造业微观数据的研究［J］．山西财经大学学报，2018，40（5）.

［2］白让让．竞争驱动、政策干预与产能扩张：兼论"潮涌现象"的微观机制［J］．经济研究，2016，51（11）.

［3］包群，许和连，赖明勇．贸易开放度与经济增长：理论及中国的经验研究［J］．世界经济，2003（2）.

［4］步丹璐，张晨宇，王晓艳．补助初衷与配置效率［J］．会计研究，2019（7）.

［5］曹春方，马连福，沈小秀．财政压力、晋升压力、官员任期与地方国企过度投资［J］．经济学（季刊），2014，13（4）.

［6］曹婧，毛捷，薛熠．城投债为何持续增长：基于新口径的实证分

析 [J]. 财贸经济, 2019, 40 (5).

[7] 曹兰英. 基于博弈模型探索政府对企业治污财政补贴的优化 [J]. 人文杂志, 2017 (6).

[8] 曹翔, 马莉, 董保民. 自由贸易试验区的环境效应及其作用机制 [J]. 西安交通大学学报 (社会科学版), 2021, 41 (3).

[9] 车嘉丽, 薛瑞. 产业政策激励影响了企业融资约束吗? [J]. 南方经济, 2017 (6).

[10] 陈登科. 贸易壁垒下降与环境污染改善: 来自中国企业污染数据的新证据 [J]. 经济研究, 2020, 55 (12).

[11] 陈璐怡, 周蓉, 钟文沁, 等. 绿色产业政策与重污染行业高质量发展 [J]. 中国人口·资源与环境, 2021, 31 (1).

[12] 陈勇兵, 李伟, 钱学锋. 中国进口种类增长的福利效应估算 [J]. 世界经济, 2011 (12).

[13] 陈云贤. 中国特色社会主义市场经济: 有为政府+有效市场 [J]. 经济研究, 2019, 54 (1).

[14] 陈钊, 熊瑞祥. 比较优势与产业政策效果: 来自出口加工区准实验的证据 [J]. 管理世界, 2015 (8).

[15] 陈志斌, 范圣然. 政府质量、市场化程度与现金—现金流敏感性: 来自后金融危机时期的经验证据 [J]. 审计与经济研究, 2015, 30 (2).

[16] 崔广慧, 姜英兵. 环保产业政策支持与企业环境治理动机: 基于重污染上市公司的经验证据 [J]. 审计与经济研究, 2020, 35 (3).

[17] 戴小勇, 成力为. 产业政策如何更有效: 中国制造业生产率与加成率的证据 [J]. 世界经济, 2019, 42 (3).

[18] 邓慧慧, 杨露鑫. 雾霾治理、地方竞争与工业绿色转型 [J]. 中国工业经济, 2019 (10).

[19] 樊纲, 王小鲁, 马光荣. 中国市场化进程对经济增长的贡献

[J].经济研究，2011，46（9）.

[20] 范蕊，余明桂，陈冬.降低企业税率是否能够促进企业创新？[J].中南财经政法大学学报，2020（4）.

[21] 方明月，张雨潇，聂辉华.中小民营企业成为僵尸企业之谜[J].学术月刊，2018，50（3）.

[22] 干春晖，郑若谷，余典范.中国产业结构变迁对经济增长和波动的影响[J].经济研究，2011，46（5）.

[23] 郭飞，马睿，谢香兵.产业政策、营商环境与企业脱虚向实：基于国家五年规划的经验证据[J].财经研究，2022，48（2）.

[24] 郭杰，王宇澄，曾博涵.国家产业政策、地方政府行为与实际税率：理论分析和经验证据[J].金融研究，2019（4）.

[25] 郭克莎，彭继宗.制造业在中国新发展阶段的战略地位和作用[J].中国社会科学，2021（5）.

[26] 郭熙保，罗知.贸易自由化、经济增长与减轻贫困：基于中国省际数据的经验研究[J].管理世界，2008（2）.

[27] 我国产业政策的初步研究[J].计划经济研究，1987（5）.

[28] 韩超，肖兴志，李姝.产业政策如何影响企业绩效：不同政策与作用路径是否存在影响差异？[J].财经研究，2017，43（1）.

[29] 韩凤芹，陈亚平.税收优惠真的促进了企业技术创新吗？：来自高新技术企业15%税收优惠的证据[J].中国软科学，2021（11）.

[30] 韩乾，洪永淼.国家产业政策、资产价格与投资者行为[J].经济研究，2014，49（12）.

[31] 韩永辉，黄亮雄，王贤彬.产业政策推动地方产业结构升级了吗？：基于发展型地方政府的理论解释与实证检验[J].经济研究，2017，52（8）.

[32] 何凌云，黎姿，梁宵，等.政府补贴、税收优惠还是低利率贷款？：产业政策对环保产业绿色技术创新的作用比较[J].中国地质大学学

报（社会科学版），2020，20（6）.

[33] 何文韬，肖兴志. 进入波动、产业震荡与企业生存：中国光伏产业动态演进研究 [J]. 管理世界，2018，34（1）.

[34] 何熙琼，尹长萍，毛洪涛. 产业政策对企业投资效率的影响及其作用机制研究：基于银行信贷的中介作用与市场竞争的调节作用 [J]. 南开管理评论，2016，19（5）.

[35] 何瑛，杨琳. 改革开放以来国有企业混合所有制改革：历程、成效与展望 [J]. 管理世界，2021，37（7）.

[36] 洪俊杰，张宸妍. 产业政策影响对外直接投资的微观机制和福利效应 [J]. 世界经济，2020，43（11）.

[37] 侯方宇，杨瑞龙. 产业政策有效性研究评述 [J]. 经济学动态，2019（10）.

[38] 侯方宇，杨瑞龙. 新型政商关系、产业政策与投资"潮涌现象"治理 [J]. 中国工业经济，2018（5）.

[39] 胡凯，刘昕瑞. 政府产业投资基金的技术创新效应 [J]. 经济科学，2022（1）.

[40] 花贵如，周树理，刘志远，等. 产业政策、投资者情绪与企业资源配置效率 [J]. 财经研究，2021，47（1）.

[41] 黄玖立，李坤望. 出口开放、地区市场规模和经济增长 [J]. 经济研究，2006（6）.

[42] 黄亮雄，王贤彬，刘淑琳，等. 中国产业结构调整的区域互动：横向省际竞争和纵向地方跟进 [J]. 中国工业经济，2015（8）.

[43] 黄群慧，平新乔，李实，等. 深入学习贯彻习近平总书记"七一"重要讲话精神笔谈 [J]. 经济学动态，2021（8）.

[44] 黄群慧. 产业政策的多维观察：系列专题讨论之一 [J]. 学习与探索，2017（1）.

[45] 黄群慧. 改革开放40年中国的产业发展与工业化进程 [J]. 中

国工业经济，2018（9）.

[46] 黄少安. 把产业政策的作用重点转移到生产要素 [J]. 财经问题研究，2019（9）.

[47] 黄少卿，郭洪宇. 产业政策的目标：增强市场竞争秩序：基于政府与市场关系视角 [J]. 学习与探索，2017（4）.

[48] 黄先海，宋学印，诸竹君. 中国产业政策的最优实施空间界定：补贴效应、竞争兼容与过剩破解 [J]. 中国工业经济，2015（4）.

[49] 江飞涛，李晓萍. 直接干预市场与限制竞争：中国产业政策的取向与根本缺陷 [J]. 中国工业经济，2010（9）.

[50] 江小涓. 中国推行产业政策中的公共选择问题 [J]. 经济研究，1993（6）.

[51] 姜英兵，崔广慧. 环保产业政策对企业环保投资的影响：基于重污染上市公司的经验证据 [J]. 改革，2019（2）.

[52] 蒋灵多，陆毅，陈勇兵. 市场机制是否有利于僵尸企业处置：以外资管制放松为例 [J]. 世界经济，2018，41（9）.

[53] 金戈. 产业结构变迁与产业政策选择：以东亚经济体为例 [J]. 经济地理，2010，30（9）.

[54] 金培振，张亚斌，彭星. 技术进步在二氧化碳减排中的双刃效应：基于中国工业 35 个行业的经验证据 [J]. 科学学研究，2014，32（5）.

[55] 景维民，张璐. 环境管制、对外开放与中国工业的绿色技术进步 [J]. 经济研究，2014，49（9）.

[56] 黎文靖，郑曼妮. 实质性创新还是策略性创新？：宏观产业政策对微观企业创新的影响 [J]. 经济研究，2016，51（4）.

[57] 李力行，申广军. 经济开发区、地区比较优势与产业结构调整 [J]. 经济学（季刊），2015，14（3）.

[58] 李莉，高洪利，陈靖涵. 中国高科技企业信贷融资的信号博弈

分析 [J]. 经济研究, 2015, 50 (6).

[59] 李青原, 肖泽华. 异质性环境规制工具与企业绿色创新激励: 来自上市企业绿色专利的证据 [J]. 经济研究, 2020, 55 (9).

[60] 李溪. 政治关联、财政补贴与企业环境绩效 [J]. 财会通讯, 2017 (18).

[61] 李振洋, 白雪洁. 产业政策如何促进制造业绿色全要素生产率提升?: 基于鼓励型政策和限制型政策协同的视角 [J]. 产业经济研究, 2020 (6).

[62] 李振洋, 白雪洁. 地方选择性产业政策促进制造业绿色竞争力提高了吗: 基于政府治理转型视角的考察 [J]. 经济问题探索, 2021 (3).

[63] 李政, 杨思莹, 路京京. 政府补贴对制造企业全要素生产率的异质性影响 [J]. 经济管理, 2019, 41 (3).

[64] 李宗卉, 鲁明泓. 中国外商投资企业税收优惠政策的有效性分析 [J]. 世界经济, 2004 (10).

[65] 林雁, 毛奕欢, 谭洪涛. 政治关联企业环保投资决策: "带头表率" 还是 "退缩其后"? [J]. 会计研究, 2021 (6).

[66] 林毅夫, 蔡昉, 李周. 比较优势与发展战略: 对 "东亚奇迹" 的再解释 [J]. 中国社会科学, 1999 (5).

[67] 林毅夫, 李永军. 比较优势、竞争优势与发展中国家的经济发展 [J]. 管理世界, 2003 (7).

[68] 刘鹤, 杨焕昌, 梁均平. 我国产业政策实施的总体思路 [J]. 经济理论与经济管理, 1989 (2).

[69] 刘啟仁, 赵灿, 黄建忠. 税收优惠、供给侧改革与企业投资 [J]. 管理世界, 2019, 35 (1).

[70] 刘小鸽, 于潇宇, 司海平. 经济增长压力与地方产业政策制定 [J]. 经济与管理评论, 2019, 35 (6).

[71] 刘小鲁. 产业政策视角下的国有企业分类改革与政策调整 [J]. 经

济理论与经济管理，2017（7）.

[72] 卢洪友，邓谭琴，余锦亮. 财政补贴能促进企业的"绿化"吗？：基于中国重污染上市公司的研究［J］. 经济管理，2019，41（4）.

[73] 卢盛峰，陈思霞. 政府偏袒缓解了企业融资约束吗？：来自中国的准自然实验［J］. 管理世界，2017（5）.

[74] 陆铭，陈钊，严冀. 收益递增、发展战略与区域经济的分割［J］. 经济研究，2004（1）.

[75] 吕越，张昊天. 打破市场分割会促进中国企业减排吗？［J］. 财经研究，2021，47（9）.

[76] 马光荣. 制度、企业生产率与资源配置效率：基于中国市场化转型的研究［J］. 财贸经济，2014（8）.

[77] 毛其淋，许家云. 政府补贴对企业新产品创新的影响：基于补贴强度"适度区间"的视角［J］. 中国工业经济，2015（6）.

[78] 毛其淋，赵柯雨. 重点产业政策如何影响了企业出口：来自中国制造业的微观证据［J］. 财贸经济，2021，42（11）.

[79] 孟祥宁，张林. 中国装备制造业绿色全要素生产率增长的演化轨迹及动力［J］. 经济与管理研究，2018，39（1）.

[80] 聂辉华，江艇，杨汝岱. 中国工业企业数据库的使用现状和潜在问题［J］. 世界经济，2012，35（5）.

[81] 聂辉华，李金波. 政企合谋与经济发展［J］. 经济学（季刊），2007（1）.

[82] 彭伟辉，宋光辉. 实施功能性产业政策还是选择性产业政策？：基于产业升级视角［J］. 经济体制改革，2019（5）.

[83] 钱爱民，张晨宇，步丹璐. 宏观经济冲击、产业政策与地方政府补助［J］. 产业经济研究，2015（5）.

[84] 钱雪松，康瑾，唐英伦，等. 产业政策、资本配置效率与企业全要素生产率：基于中国2009年十大产业振兴规划自然实验的经验研究

[J]. 中国工业经济, 2018 (8).

[85] 曲创, 陈兴雨. "上下兼顾"的地方政府与产业政策效果: 基于政策明晰性的研究视角 [J]. 经济评论, 2021 (3).

[86] 曲红宝. 政治联系、财政补贴与企业绩效 [J]. 现代财经 (天津财经大学学报), 2018, 38 (12).

[87] 任曙明, 吕镯. 融资约束、政府补贴与全要素生产率: 来自中国装备制造企业的实证研究 [J]. 管理世界, 2014 (11).

[88] 邵朝对, 苏丹妮, 包群. 中国式分权下撤县设区的增长绩效评估 [J]. 世界经济, 2018, 41 (10).

[89] 邵朝对. 进口竞争如何影响企业环境绩效: 来自中国加入 WTO 的准自然实验 [J]. 经济学 (季刊), 2021, 21 (5).

[90] 邵敏, 包群. 政府补贴与企业生产率: 基于我国工业企业的经验分析 [J]. 中国工业经济, 2012 (7).

[91] 邵伟, 季晓东. 选择性产业政策如何影响企业资本流动?: 基于开发区设立的准自然实验 [J]. 产业经济研究, 2020 (6).

[92] 申晨, 李胜兰, 黄亮雄. 异质性环境规制对中国工业绿色转型的影响机理研究: 基于中介效应的实证分析 [J]. 南开经济研究, 2018 (5).

[93] 申广军, 陈斌开, 杨汝岱. 减税能否提振中国经济?: 基于中国增值税改革的实证研究 [J]. 经济研究, 2016, 51 (11).

[94] 沈坤荣, 金刚. 中国地方政府环境治理的政策效应: 基于"河长制"演进的研究 [J]. 中国社会科学, 2018 (5).

[95] 宋凌云, 王贤彬. 产业政策的增长效应: 存在性与异质性 [J]. 南开经济研究, 2016 (6).

[96] 宋凌云, 王贤彬. 产业政策如何推动产业增长: 财政手段效应及信息和竞争的调节作用 [J]. 财贸研究, 2017, 28 (3).

[97] 宋凌云, 王贤彬. 重点产业政策、资源重置与产业生产率 [J].

管理世界, 2013 (12).

[98] 苏丹妮, 盛斌. 产业集聚、集聚外部性与企业减排: 来自中国的微观新证据 [J]. 经济学 (季刊), 2021, 21 (5).

[99] 苏丹妮, 盛斌. 出口的环境效应: 来自中国企业的微观证据 [J]. 国际贸易问题, 2021 (7).

[100] 苏丹妮, 盛斌. 服务业外资开放如何影响企业环境绩效: 来自中国的经验 [J]. 中国工业经济, 2021 (6).

[101] 苏丹妮. 全球价值链嵌入如何影响中国企业环境绩效? [J]. 南开经济研究, 2020 (5).

[102] 孙文浩, 张杰, 康茜. 减税有利于高新技术 "僵尸企业" 的创新吗? [J]. 统计研究, 2021, 38 (6).

[103] 孙早, 席建成. 中国式产业政策的实施效果: 产业升级还是短期经济增长 [J]. 中国工业经济, 2015 (7).

[104] 孙铮, 刘凤委, 李增泉. 市场化程度、政府干预与企业债务期限结构: 来自我国上市公司的经验证据 [J]. 经济研究, 2005 (5).

[105] 汪海建, 薛云燕, 周绍杰. "去产能" 政策是否提高公司绩效: 基于制造业上市公司的实证研究 [J]. 经济理论与经济管理, 2022, 42 (1).

[106] 王军, 黄凌云. 政策补贴对中国海外投资企业产品创新的影响 [J]. 研究与发展管理, 2017, 29 (3).

[107] 王克敏, 刘静, 李晓溪. 产业政策、政府支持与公司投资效率研究 [J]. 管理世界, 2017 (3).

[108] 王艳华, 苗长虹, 胡志强, 等. 专业化、多样性与中国省域工业污染排放的关系 [J]. 自然资源学报, 2019, 34 (3).

[109] 王永钦, 张晏, 章元, 等. 中国的大国发展道路: 论分权式改革的得失 [J]. 经济研究, 2007 (1).

[110] 吴敬琏. 社会主义市场经济: 认识进展与制度构建 [J]. 中国

金融，2018（24）.

[111] 吴利华，申振佳.产业生产率变化：企业进入退出、所有制与政府补贴：以装备制造业为例 [J].产业经济研究，2013（4）.

[112] 吴伟伟，张天一.非研发补贴与研发补贴对新创企业创新产出的非对称影响研究 [J].管理世界，2021，37（3）.

[113] 吴文锋，吴冲锋，芮萌.中国上市公司高管的政府背景与税收优惠 [J].管理世界，2009（3）.

[114] 吴武清，赵越，田雅婧，等.研发补助的"挤入效应"与"挤出效应"并存吗?：基于重构研发投入数据的分位数回归分析 [J].会计研究，2020（8）.

[115] 吴意云，朱希伟.中国为何过早进入再分散：产业政策与经济地理 [J].世界经济，2015，38（2）.

[116] 席建成，韩雍.中国式分权与产业政策实施效果：理论及经验证据 [J].财经研究，2019，45（10）.

[117] 夏立军，方轶强.政府控制、治理环境与公司价值：来自中国证券市场的经验证据 [J].经济研究，2005（5）.

[118] 谢获宝，黄大禹.地方产业政策如何影响企业全要素生产率：基于政府行为视角下的中国经验 [J].东南学术，2020（5）.

[119] 熊瑞祥，王慷楷.地方官员晋升激励、产业政策与资源配置效率 [J].经济评论，2017（3）.

[120] 徐保昌，谢建国.政府质量、政府补贴与企业全要素生产率 [J].经济评论，2015（4）.

[121] 徐浩，张美莎，李英东.银行信贷行为与产能过剩：基于羊群效应的视角 [J].山西财经大学学报，2019，41（7）.

[122] 徐晓亮，许学芬.能源补贴改革对资源效率和环境污染治理影响研究：基于动态 CGE 模型的分析 [J].中国管理科学，2020，28（5）.

[123] 徐晓亮.清洁能源补贴改革对产业发展和环境污染影响研究：

基于动态 CGE 模型分析 [J]. 上海财经大学学报, 2018, 20 (5).

[124] 严太华, 朱梦成. 技术创新、产业结构升级对环境污染的影响 [J]. 重庆大学学报 (社会科学版), 2023, 29 (5).

[125] 燕继荣. 制度、政策与效能: 国家治理探源: 兼论中国制度优势及效能转化 [J]. 政治学研究, 2020 (2).

[126] 阳镇, 陈劲, 凌鸿程. 相信协同的力量: 央—地产业政策协同性与企业创新 [J]. 经济评论, 2021 (2).

[127] 杨继东, 罗路宝. 产业政策、地区竞争与资源空间配置扭曲 [J]. 中国工业经济, 2018 (12).

[128] 杨露鑫. 政府补贴对地区生产率的影响评估 [J]. 财政科学, 2021 (1).

[129] 杨汝岱, 朱诗娥. 产业政策、企业退出与区域生产效率演变 [J]. 学术月刊, 2018, 50 (4).

[130] 杨伟民. 建立以产业政策为中心的经济政策体系 [J]. 计划经济研究, 1993 (2).

[131] 杨晓妹, 刘文龙, 王有兴. 政府创新补贴与企业技术创新: 兼论补贴合理区间 [J]. 财贸研究, 2021, 32 (10).

[132] 杨洋, 魏江, 罗来军. 谁在利用政府补贴进行创新?: 所有制和要素市场扭曲的联合调节效应 [J]. 管理世界, 2015 (1).

[133] 于建忠, 陈燕红. 政府补贴对企业研发投入的门槛效应: 基于融资约束差异的视角 [J]. 浙江社会科学, 2021 (10).

[134] 余典范, 王佳希. 政府补贴对不同生命周期企业创新的影响研究 [J]. 财经研究, 2022, 48 (1).

[135] 余淼杰. 中国的贸易自由化与制造业企业生产率 [J]. 经济研究, 2010, 45 (12).

[136] 余明桂, 回雅甫, 潘红波. 政治联系、寻租与地方政府财政补贴有效性 [J]. 经济研究, 2010, 45 (3).

[137] 余泳泽, 潘妍. 中国经济高速增长与服务业结构升级滞后并存之谜: 基于地方经济增长目标约束视角的解释 [J]. 经济研究, 2019, 54 (3).

[138] 余壮雄, 陈婕, 董洁妙. 通往低碳经济之路: 产业规划的视角 [J]. 经济研究, 2020, 55 (5).

[139] 原毅军, 谢荣辉. 工业结构调整、技术进步与污染减排 [J]. 中国人口·资源与环境, 2012, 22 (S2).

[140] 詹新宇, 曾傅雯. 经济竞争、环境污染与高质量发展: 234 个地级市例证 [J]. 改革, 2019 (10).

[141] 占华. 博弈视角下政府污染减排补贴政策选择的研究 [J]. 财贸经济, 2016 (4).

[142] 张彩云, 盛斌, 苏丹妮. 环境规制、政绩考核与企业选址 [J]. 经济管理, 2018, 40 (11).

[143] 张彩云, 苏丹妮, 卢玲, 等. 政绩考核与环境治理: 基于地方政府间策略互动的视角 [J]. 财经研究, 2018, 44 (5).

[144] 张川川. 中国的产业政策、结构变迁和劳动生产率增长 1990—2007 [J]. 产业经济评论, 2017 (4).

[145] 张建鹏, 陈诗一. 金融发展、环境规制与经济绿色转型 [J]. 财经研究, 2021, 47 (11).

[146] 张杰. 政府创新补贴对中国企业创新的激励效应: 基于 U 形关系的一个解释 [J]. 经济学动态, 2020 (6).

[147] 张俊, 钟春平. 政企合谋与环境污染: 来自中国省级面板数据的经验证据 [J]. 华中科技大学学报 (社会科学版), 2014, 28 (4).

[148] 张莉, 朱光顺, 李世刚, 等. 市场环境、重点产业政策与企业生产率差异 [J]. 管理世界, 2019, 35 (3).

[149] 张莉, 朱光顺, 李夏洋, 等. 重点产业政策与地方政府的资源配置 [J]. 中国工业经济, 2017 (8).

[150] 张龙鹏，汤志伟．产业政策的资源误置效应及其微观机制研究 [J]．财贸研究，2018，29（12）．

[151] 张鹏杨，朱光，赵祚翔．产业政策如何影响 GVC 升级：基于资源错配的视角 [J]．财贸研究，2019，30（9）．

[152] 张任之．竞争中性视角下重点产业政策实施效果研究 [J]．经济管理，2019，41（12）．

[153] 张维迎．我为什么反对产业政策：与林毅夫辩 [J]．比较，2016（6）．

[154] 张文彬，张理芃，张可云．中国环境规制强度省际竞争形态及其演变：基于两区制空间 Durbin 固定效应模型的分析 [J]．管理世界，2010（12）．

[155] 赵卿，曾海舰．产业政策推动制造业高质量发展了吗？[J]．经济体制改革，2020（4）．

[156] 赵婷，陈钊．比较优势与产业政策效果：区域差异及制度成因 [J]．经济学（季刊），2020，19（3）．

[157] 赵婷，陈钊．比较优势与中央、地方的产业政策 [J]．世界经济，2019，42（10）．

[158] 郑安，沈坤荣．自主创新、产业政策与经济增长 [J]．财经科学，2018（6）．

[159] 郑洁，付才辉．企业自生能力与环境污染：新结构经济学视角 [J]．经济评论，2020（1）．

[160] 周黎安，刘冲，厉行，等．"层层加码"与官员激励 [J]．世界经济文汇，2015（1）．

[161] 周黎安．"官场+市场"与中国增长故事 [J]．社会，2018，38（2）．

[162] 周林，杨云龙，刘伟．用产业政策推进发展与改革：关于设计现阶段我国产业政策的研究报告 [J]．经济研究，1987（3）．

［163］周茂，陆毅，杜艳，等. 开发区设立与地区制造业升级［J］. 中国工业经济，2018（3）.

［164］周亚虹，蒲余路，陈诗一，等. 政府扶持与新型产业发展：以新能源为例［J］. 经济研究，2015，50（6）.

［165］周燕，潘遥. 财政补贴与税收减免：交易费用视角下的新能源汽车产业政策分析［J］. 管理世界，2019，35（10）.

英文专著

［1］ALTENBURG T，LÜTKENHORST W. Industrial Policy in Developing Countries：Failing Markets，Weak States［M］. Massachusetts：Edward Elgar Publishing，2015.

［2］AMSDEN A H. Asia's Next Giant：South Korea and Late Industrialization［M］. New York：Oxford University Press，1992.

［3］BARDE J P，HONKATUKIA，O. Environmentally harmful subsidies：Challenges for Reform［M］. The International Yearbook of Environmental and Resource Economics 2004/2005，2004：254-288.

［4］HAUSMAN R，RODRIK D，VELASO A. Growth Diagnostics［M］. Princeton：Princeton Press，2008.

［5］JOHNSON C. MITI and the Japanese Miracle：The Growth of Industrial Policy，1925—1975［M］. California：Stanford University Press，1982.

［6］LITTLE IAN M. D. Economic Development［M］. New York：Basic Books，1982.

［7］WADE R. governing the Market：Economic Theory and the Role of Government in East Asian Industrialization［M］. Princeton：Princeton University Press，1990.

［8］GROSSMAN G M，HELPMAN E. Innovation and Growth in the Global Economy［M］. Massachusetts：The MIT Press，1993.

［9］LIN J Y. The Industrial Policy Revolution I: The Role of Government Beyond Ideology ［M］. New York: Palgrave Macmillan, 2013.

英文期刊

［1］AGHION P, DEWATRIPONT M, DU L, et al. Industrial Policy and Competition ［J］. American Economic Journal: Macroeconomics, 2015, 7 （4）.

［2］AIGINGER K. Making Ambitious Green Goals Compatible with Economic Dynamics by a Strategic Approach ［J］. WIFO Studies, number 58711, June, 2016.

［3］ANDREONI A, SCAZZIERI R. Triggers of Change: Structural Trajectories and Production Dynamics ［J］. Cambridge Journal of Economics, 2014, 38 （6）.

［4］BAJONA C, KELLY D L. Trade and the environment with pre-existing subsidies: A dynamic general equilibrium analysis ［J］. Journal of Environmental Economics and Management, 2012, 64 （2）.

［5］BEASON R, WEINSTEIN D E. Growth, Economies of Scale and Targeting in Japan （1955—1990） ［J］. The Review of Economics and Statistics, 1996, 78 （2）.

［6］BOEING P. The Allocation and Effectiveness of China's R&D Subsidies: Evidence from Listed Firm ［J］. Research Policy, 2016, 45 （9）.

［7］BOUBAKRI N, COSSET J, SAFFAR W. The Impact of Political Connections on Firm's Operating Performance and Financing Decisions ［J］. Journal of Financial Research, 2012, 35 （3）.

［8］BRANDT L, ZHU X. Redistribution in a Decentralized Economy: Growth and Inflation in China Under Reform ［J］. Journal of Political Economy, 2000, 108 （2）.

［9］BRANDT L, VAN B J, WANG L, et al. WTO Accession and Performance of Chinese Manufacturing Firms ［J］. American Economic Review, 2017, 109 (9).

［10］BRANSTETTER L, SAKAKIBARA M. Japanese Research Consortia: A Microeconometric Analysis of Industrial Policy ［J］. Journal of Industrial Economics, 1998, 46 (2).

［11］BROCK W A, TAYLOR M S. Economic Growth and the Environment: A Review Theory and Empirics ［J］. Handbook of Economic Growth, 2005, 1.

［12］BLONIGEN B. Industrial Policy and Downstream Export Performance ［J］. The Economic Journal, 2016, 126 (9).

［13］CHEN D H, LI Z O, XIN, F. Five-year Plans, China Finance and Their Consequences ［J］. China Journal of Accounting Research, 2017, 10 (3).

［14］CLAUSEN T H. Do Subsidies have Positive Impacts on R&D and Innovation Activities at the Firm Level? ［J］. Structural Change and Economic Dynamics, 2009, 20 (4).

［15］COPELAND B R, TAYLOR M S. North-South Trade and the Environment ［J］. The Quarterly Journal of Economics, 1994, 109 (3).

［16］CRESPI F, GHISETTI C, QUATRARO F. Taxonomy of Implemented Policy Instruments to Foster the Production of Green Technologies and Improve Environmental and Economic Performance ［J］. Wwwforeurope Working Papers, 2015.

［17］DAI X, CHENG L. The Effect of Public Subsidies on Corporate R&D Investment: An Application of The Generalized Propensity Score ［J］. Technological Forecasting and Social Change, 2015, 90 (2).

［18］DASGUPTA S, LAPLANTE B, MAMINGI N, et al. Inspections,

pollution prices, and environmental performance: evidence from China [J]. Ecological Economics, 2001, 36 (3).

[19] DAVID M, SINCLAIR DESGAGNE B. Pollution Abatement Subsidies and the Eco-Industry [J]. Environmental and Resource Economics, 2010, 45 (2).

[20] EARNHART D, LIZAL L. Effects of ownership and financial status on corporate environmental performance [J]. Journal of Comparative Economics, 2006, 34 (1).

[21] FARLA K. Industrial Policy For Growth [J]. Journal of Industrial, Competition and Trade, 2015, 15 (3).

[22] FELDMAN M, KELLEY M. The ex ante Assessment of Knowledge Spillovers: Government R&D Policy, Economic Incentives and Private Firm Behavior [J]. Research Policy, 2006, 35 (10).

[23] FISHER C, GREAKER M, ROSENDASHL K E. Emission Leakage and Subsidies for pollution Abatement. Pay the polluter of the Supplier of the Remedy? [J]. Discussion Papers, 2012.

[24] GOLOMBEK R, HOEL M. Unilateral Emission Reduction and Cross-Country Technology Spillovers [J]. Advances in Economic Analysis & Policy. 2004, 4 (2).

[25] GROSSMAN G M, HELPMAN E. Innovation and Growth in the Global Economy [J]. MIT Press Books, 1991, 1 (2).

[26] GUO, YAN, JIANG. Government-subsidized R&D and Firm innovation: Evidence from China [J]. Research Policy, 2016, 45 (6).

[27] GUPTA S, SAKSENA S, BARIS O F. Environmental enforcement and compliance in developing countries: Evidence from India [J]. World Development, 2019, 117.

[28] HARRISON A, RODRÍGUEZ-CLARE A. Trade, Foreign Invest-

ment and Industrial Policy for Developing Countries [J]. Handbook of Development Economics, 2010, 5.

[29] HATTA T. Competition and Policy vs. Industrial Policy as A Growth Strategy [J]. China Economic Journal, 2017, 10 (2).

[30] HETTIGE H, HUQ M, PARGAL S, et al. Determinants of Pollution Abatement in Developing Countries: Evidence from South and Southeast Asia [J]. World Development, 1996, 24 (12).

[31] HEUTEL G. Crowding Out and Crowding in of Private Donations and Government Grants [J]. Public Finance Review, 2014, 42 (2).

[32] HORBACH J, RAMMER C, RENNINGS K. Determinants of Eco-Innovations by Type of Environmental Impact: The Role of Regulatory Push/Pull, Technology Push and Market Pull [J]. Ecological Economics, 2011, 78 (2).

[33] HOWELL S T. Financing Innovation: Evidence from R&D Grants [J]. American Economic Review, 2017, 107 (4).

[34] HOWELL A. Picking 'Winners' in Space: Impact of Spatial Targeting on Firm Performance in China [J]. Journal of Regional Science, 2020, 60 (5).

[35] JALIL A, FERIDUN M. The Impact of Growth, Energy and Financial Development on the Environment in China: A Cointegration Analysis [J]. Energy Economics, 2011, 33 (2).

[36] BEATH J. UK Industrial Policy: Old Tunes on New Instruments? [J]. Oxford Review of Economic PolicY, 2002, 18 (2).

[37] KELLY D L, Subsidies to Industry and the Envirionment [J]. National Bureau of Economic Research Working paper 14999, 2009.

[38] Kim J I, Lau L J. The Sources of Economic Growth of the East Asian Newly Industrialized Countries [J]. Journal of the Japanese and International E-

conomics, 1994, 8 (3).

[39] KLEER R. Government Rand D Subsidies as a Signal For Private Investors [J]. Research Policy, 2010, 39 (10).

[40] KRUEGER O A, TUNCER B. An Empirical Test of the Infant Industry Argument [J]. American Economic Review, 1982, 72 (5).

[41] KRUGMAN P. What Ever Happened to Asian Miracle? [J]. Forture, 1997, 136 (4).

[42] LALL S. Industry Policy: The Role of Government in Promoting Industrial and Technological Development [J]. UNCTAD Review, 1994.

[43] LALL S. Reinventing Industrial Strategy: The Role of Government Policy in Building Industrial Competitiveness [J]. Annals of Economics and Finance, 2013, 14 (2).

[44] LALL S. Selective Industrial and Trade Policies in Developing Countries: Theoretical and Empirical Issue [J]. The Politics of Trade and Industrial Policy in Africa World Press and IDRC, 2004, 4 (14).

[45] LEE J, CLACHER I, KEASEY K. Industrial Policy as an Engine of Economic Growth: a Framework of Analysis and Evidence from South Korea (1960—1996) [J]. Business Histroy, 2012, 54 (5).

[46] LEVINSOHN J, PETRIN A. Estimating Production Functions Using Inputs to Control for Unobservables [J]. Review of Economic Studies, 2003, 70 (2).

[47] LIANG J, LANGBEIN L. Performance Management, High-Powered Incentives, and Environmental Policies in China [J]. International Public Management Journal, 2015, 18 (3).

[48] LIN J, ROSENBLATT D. Shifting Patterns of Economic Growth and Rethinking Development [J]. Journal of Economic Policy Reform, 2012, 15 (3).

[49] LINDMARK M. An EKC-pattern in historical perspective: carbon dioxide emissions, technology, fuel prices and growth in Sweden 1870—1997 [J]. Ecological Economics, 2002, 42 (1-2).

[50] LIU E. Industrial Policies in Production Networks [J]. The Quarterly Journal of Economics, 2019, 134 (4).

[51] LOVO S. Effect of environmental decentralization on polluting firms in India [J]. Economic Development and Cultural Change, 2018, 67 (1).

[52] LU Y, YU L. Trade Liberalization and Markup Dispersion: Evidence from China's WTO Accession [J]. American Economic Journal: Applied Economics, 2015, 7 (4).

[53] LU Y, TAO Z, ZHU L. Identifying FDI spillovers [J]. Journal of International Economics, 2017, 107 (C).

[54] MAIN R. Subsidizing Non-Pollution Goods vs. Taxing Polluting Goods For Pollution Reduction [J]. Atlantic Economic Journal, 2013, 41 (4).

[55] MAO J, TANG S, XIAO Z, et al. Industrial Policy Intensity, Technological Change, and Productivity Growth: Evidence from China [J]. Research Policy, 2021, 50 (7).

[56] MEIER K J, FAVERO N, ZHU L. Performance Gaps and Managerial Decisions: A Bayesian Decision Theory of Managerial Action [J]. Journal of Public Administration Research and Theory, 2015, 25 (4).

[57] MELITZ M J. The Impact of Trade on Intra-Industry Reallocations and Aggregate Industry Productivity [J]. Econometrica, 2003, 71 (6).

[58] MEULEMAN M, MASENEIRE W D. Do R&D Subsidies Affect SMEs' Access to External Financing? [J]. Research Policy, 2012, 41 (3).

[59] NUNN N, TREFLER D. The Structure of Tariffs and Long-Term Growth [J]. American Economic Journal: Macroeconomics, 2010, 2 (4).

［60］PACK H, SAGGI K. Is there a Case for Industrial Policy? A Critical Survey ［J］. The World Bank Research Observer, 2006, 21 （2）.

［61］PACK H, WESTPHAL L E. Industrial Strategy and Technological Change: Theory Versus Reality ［J］. Journal of Development Economics, 1986, 22 （1）.

［62］PARGAL S, WHEELER D. Informal Regulation of Industrial Pollution in Developing Countries: Evidence from Indonesia ［J］. Journal of Political Economy, 1996, 104 （6）.

［63］PASCHIE M. Technical progress, structural change, and the environmental Kuznets curve ［J］. Ecological Economics, 2002, 42 （3）.

［64］PORTER M E, LINDE C V D. Green and Competitive: Ending the Stalemate ［J］. Harvard Business Review, 1995, 73 （1）.

［65］RESTUCCIA D, ROGERSON R. Policy Distortions and Aggregate Productivity with Heterogeneous Establishments ［J］. Review of Ecoonomic Dynamics, 2008, 11 （4）.

［66］Rodrik D. Green Industrial Policy ［J］. Oxford Review of Economic Policy, 2014, 30 （3）.

［67］Rodrik D. Industrial Policy for the Twenty-First Century ［J］. HKS Working Paper, No. RWP04-047s, 2004.

［68］RUTHERFORD A, MEIER K. Managerial Goals in a Performance-driven System: Theory and Empirical Tests in Higher Education ［J］. Public Administration, 2015, 93 （1）.

［69］SHARP M. What is Industrial Policy and Why is it Necessary? ［J］. Paper prepared for TSER project on Science, Technology and Broad Industrial Policy, 1998.

［70］STIGLITZ J E. Industrial policy, Learning, and Development ［J］. WIDER Working Paper Series, 2017 （149）.

［71］BEERS C V, JEROEN C J M VAN DEN BERGH. Perseverance of Perverse Subsidies and their Impact on Trade and Environment ［J］. Ecological Economics, 2001, 36 (3).

［72］WANG H, WHEELER D. Financial incentives and endogenous enforcement in China's pollution levy system ［J］. Journal of Environmental Economics and Management, 2005, 49 (1).

［73］WANG H, JIN Y. Industrial Ownership and Environmental Performance: Evidence from China ［J］. Environmental & Resource Economics, 2007, 36 (3).

［74］WANG Y. ZHANG Y. Do State Subsidies Increase Corporate Environmental Spending? ［J］. International Review of Financial Analysis, 2020, 72 (c).

［75］WARWICK K. Beyond Industrial Policy: Emerging Issues and New Trends ［J］. OECD Science, Technology and Industry Policy Papers, 2013 (2).

［76］WHITFIELD L, BUUR L. The Politics of Industrial Policy: Ruling Elites and Their Alliances ［J］. Third world Quarterly, 2014, 35 (1).

［77］ROBINSON J A. Industrial Policy and Development: A Political Economics Economy Perspective ［J］. Revue D'Économie Du Dévelopment, 2010, 18 (4).

报告

［1］CHANG H J. Industrial Policy: Can We Go Beyond an Unproductive Confrontation? Annual World Bank Conference on Development Economics Global: Lessons from East Asia and the Global Financial Crisis ［R］. Washington, DC: World Bank, 2010.

［2］Federal Ministry for Economic Affairs and Climate Action. National Industrial Strategy 2030：Strategic Guidelines for a German and European Industrial Policy ［R］. 2019.

［3］ GROSSMAN G M KRUEGER A B. Environmental impacts of a North American Free Trade Agreement ［R］. NBER Working Paper, 1991.

［4］ OECD. The aims and instruments of industrial policy：a comparative study ［R］. Paris：OECD Press, 1975.

［5］ LAWRENCE R Z, WEINSTEIN D E. Trade and Growth：Import or Export-led? Evidence from Japan and Korea ［R］. NBER Working paper, 1999.